U0370305

UG NX 12 中文版

动力学与有限元分析

自学手册

胡爱闽 龙铭 / 编著

人民邮电出版社

北京

图书在版编目（CIP）数据

UG NX 12 中文版动力学与有限元分析自学手册 / 胡
爱闽，龙铭编著. -- 北京：人民邮电出版社，2019.12（2024.2重印）
ISBN 978-7-115-52083-8

Ⅰ. ①U… Ⅱ. ①胡… ②龙… Ⅲ. ①动力学－计算机
辅助设计－应用软件－手册②有限元分析－计算机辅助设
计－应用软件－手册 Ⅳ. ①O313-39②O241.82-39

中国版本图书馆CIP数据核字(2019)第211543号

内 容 提 要

本书通过丰富的实例全面讲解 UG NX 12 在动力学分析和有限元分析领域的应用和功能。全书共分为两篇：第 1 篇为动力学分析篇，主要介绍 UG NX 12 动力学分析的一些基础知识和操作实例，包括运动仿真基础，连杆、质量及材料，运动副，传动副，约束，力的创建，连接器，仿真结果输出，机构检查，XY 函数编辑器，动力学分析综合实例；第 2 篇为有限元分析篇，主要介绍 UG NX 12 有限元分析的一些基础知识和操作实例，包括有限元分析准备、建立有限元模型、有限元模型的编辑、分析和查看结果、球摆分析综合实例。

本书适合于高等院校工科相关专业本科高年级学生和研究生作为计算机辅助分析应用的辅助教材，也可以作为科研技术人员研究学习的参考资料。

◆ 编　著　胡爱闽　龙　铭
　　责任编辑　俞　彬
　　责任印制　马振武

◆ 人民邮电出版社出版发行　　北京市丰台区成寿寺路 11 号
　　邮编　100164　　电子邮件　315@ptpress.com.cn
　　网址　https://www.ptpress.com.cn
　　北京盛通印刷股份有限公司印刷

◆ 开本：787×1092　1/16
　　印张：23.5　　　　　　　　　　2019 年 12 月第 1 版
　　字数：655 千字　　　　　　　2024 年 2 月北京第 6 次印刷

定价：79.00 元

读者服务热线：(010)81055410　印装质量热线：(010)81055316
反盗版热线：(010)81055315
广告经营许可证：京东市监广登字 20170147 号

前　言
PREFACE

Unigraphics Solutions 公司（简称 UGS）是全球著名的 MCAD 供应商，主要通过其虚拟产品开发（VPD）的理念为汽车与交通、航空航天、日用消费品、通用机械及电子工业等领域提供多级化的、集成的、企业级的包括软件产品与服务在内的完整的 MCAD 解决方案。其主要的 CAD 产品是 UG。

UG 每次的新版本都代表了当时制造技术的发展前沿，很多现代设计方法和理念都能较快地在新版本中反映出来。这一次发布的 UG NX 12 版本在很多方面都进行了改进和升级，例如并行工程中的几何关联设计、参数化设计等。

UG 软件是一个集成化的 CAD/CAE/CAM 系统软件，为工程设计人员提供了非常强大的应用工具。这些工具可以对产品进行设计（包括零件设计和装配设计）、工程分析（有限元分析和运动机构分析）、绘制工程图、编制数控加工程序等。

近年来，随着 UG 软件在中国市场的日益普及，人们对 UG 软件的强大功能的认识逐步深入，UG 软件也在各行各业，尤其是工业领域得到了广泛的应用。为了满足广大读者学习了解 UG 软件功能的需要，在目前的图书市场上，各大出版机构推出了大量的 UG 学习图书，但在这些图书中，几乎没有一本是专门针对 UG 的 CAE 分析功能展开讲解的。基于人们对 UG 软件 CAE 功能学习的迫切需要与相关学习资料短缺的矛盾考量，我们组织科研院所相关领域的专家和学者编写了本书。他们具有深厚的理论基础和丰富的软件应用经验，将自身的经验和智慧融入字里行间。希望本书的推出能为广大读者带来裨益。

本书的组织结构和主要内容

本书主要针对 UG NX 12 的强大分析功能而编写，通过丰富的实例全面讲解 UG NX 12 在动力学分析和有限元分析领域的功能和应用。全书共分为两篇：第 1 篇为动力学分析篇，主要介绍 UG NX 12 动力学分析的一些基础知识和操作实例，包括运动仿真基础、连杆、质量及材料，运动副，传动副，约束，力的创建，连接器，仿真结果输出，机构检查，XY 函数编辑器，动力学分析综合实例等知识；第 2 篇为有限元分析篇，主要介绍 UG NX 12 有限元分析的一些基础知识和操作实例，包括有限元分析准备、建立有限元模型、有限元模型的编辑、分析和查看结果、球摆分析综合实例等知识。

本书适合于高等院校工科相关专业本科高年级学生和研究生作为计算机辅助分析应用自学教材，也可以作为科研技术人员研究学习的参考资料。

配套资源使用说明

为了方便广大读者更加形象直观地学习本书，随书配赠了电子资料包，资料包内包含全书实例操作过程视频讲解文件和实例源文件素材。扫描"资源下载"二维码，即可获得下载方式。

资源下载

为了方便读者学习，本书以二维码的形式提供了全书"视频"教程。扫描"云课"二维码，即可播放全书视频，也可扫描正文中的二维码观看对应章节的视频。

云课

提示：关注"职场研究社"公众号，回复关键词"52083"，即可获得所有资源的获取方式。

致谢

本书由华东交通大学教材基金资助，华东交通大学的胡爱闽、龙铭两位老师主编，华东交通大学的许玢、刘平安、贾雪艳、钟礼东参与部分章节编写。其中胡爱闽执笔编写了第 1 ～ 7 章，龙铭执笔编写了第 8 ～ 10 章，许玢执笔编写了第 11 章，刘平安执笔编写了第 12 ～ 13 章，贾雪艳执笔编写了第 14 ～ 15 章，钟礼东执笔编写了第 16 章。王敏、康士廷等参加了部分章节的编写工作，吕洋波和吕小波也为本书的出版提供了大量帮助，对他们的付出，表示真诚的感谢。

由于时间仓促，编者水平有限，疏漏之处在所难免，希望广大读者联系 yanjingyan@ptpress.com.cn 批评指正。

编者

2019 年 7 月

目　录
CONTENTS

第 1 篇　动力学分析篇

第 1 章　运动仿真基础 ……………………………………………………… 2

1.1　运动分析概述 ……………………………………………………… 3

　　1.1.1　什么是运动分析 …………………………………………… 3

　　1.1.2　理论力学 …………………………………………………… 3

　　1.1.3　运动仿真的实现 …………………………………………… 4

　　1.1.4　Gruebler ……………………………………………………… 5

1.2　运动分析的进入和执行 …………………………………………… 5

　　1.2.1　进入仿真模块 ……………………………………………… 5

　　1.2.2　执行运动分析 ……………………………………………… 7

1.3　运动仿真选项 ……………………………………………………… 8

　　1.3.1　运动仿真界面 ……………………………………………… 8

　　1.3.2　运动仿真导航器 …………………………………………… 9

　　1.3.3　【主页】选项卡 …………………………………………… 10

　　1.3.4　【动画】面组 ……………………………………………… 13

1.4　UG NX 12 平台 …………………………………………………… 13

　　1.4.1　操作系统要求 ……………………………………………… 13

　　1.4.2　硬件要求 …………………………………………………… 13

　　1.4.3　系统约定 …………………………………………………… 15

1.5　练习题 ……………………………………………………………… 15

第 2 章　连杆、质量及材料 ………………………………………………… 16

2.1　连杆的定义 ………………………………………………………… 17

　　2.1.1　创建连杆 …………………………………………………… 17

　　2.1.2　质量特性 …………………………………………………… 18

　　2.1.3　定义质量特性 ……………………………………………… 18

2.2 材料 ………………………………………………………………………………… 19

　　2.2.1 调用材料 ……………………………………………………………………… 20

　　2.2.2 定义材料 ……………………………………………………………………… 21

2.3 练习题 ………………………………………………………………………………… 21

第3章 运动副 ……………………………………………………………………… 22

3.1 运动副的定义和类型 ………………………………………………………………… 23

　　3.1.1 运动副的定义 ………………………………………………………………… 23

　　3.1.2 运动副的类型 ………………………………………………………………… 23

3.2 创建运动副 …………………………………………………………………………… 25

　　3.2.1 创建运动副的步骤 …………………………………………………………… 25

　　3.2.2 创建啮合连杆 ………………………………………………………………… 26

　　3.2.3 固定副 ………………………………………………………………………… 27

　　3.2.4 旋转副 ………………………………………………………………………… 28

　　3.2.5 滑动副 ………………………………………………………………………… 30

　　3.2.6 柱面副 ………………………………………………………………………… 33

　　3.2.7 球面副 ………………………………………………………………………… 36

　　3.2.8 万向节 ………………………………………………………………………… 37

　　3.2.9 平面副 ………………………………………………………………………… 43

　　3.2.10 螺旋副 ……………………………………………………………………… 45

3.3 实例——三连杆运动机构 …………………………………………………………… 49

　　3.3.1 创建连杆 ……………………………………………………………………… 49

　　3.3.2 创建运动副 …………………………………………………………………… 50

　　3.3.3 动画分析 ……………………………………………………………………… 53

3.4 实例——冲床模型 …………………………………………………………………… 54

　　3.4.1 装配转盘 ……………………………………………………………………… 54

　　3.4.2 装配冲头与连杆 ……………………………………………………………… 57

　　3.4.3 创建连杆与运动副 …………………………………………………………… 59

　　3.4.4 动画分析 ……………………………………………………………………… 62

　　3.4.5 优化模型 ……………………………………………………………………… 63

3.5 实例——台虎钳模型 ………………………………………………………………… 65

　　3.5.1 创建连杆和运动副 …………………………………………………………… 65

　　3.5.2 创建台虎钳动画 ……………………………………………………………… 68

3.6 练习题 ………………………………………………………………………………… 69

第 **4** 章　传动副 ‥‥‥‥‥‥‥‥‥‥‥‥‥‥‥‥‥‥‥‥‥‥‥‥‥‥‥‥‥‥‥‥ 70

4.1　创建耦合副 ‥‥‥‥‥‥‥‥‥‥‥‥‥‥‥‥‥‥‥‥‥‥‥‥‥‥‥‥‥ 71
4.1.1　齿轮耦合副 ‥‥‥‥‥‥‥‥‥‥‥‥‥‥‥‥‥‥‥‥‥‥‥ 71
4.1.2　创建齿轮耦合副 ‥‥‥‥‥‥‥‥‥‥‥‥‥‥‥‥‥‥‥‥ 71
4.1.3　创建蜗轮蜗杆运动 ‥‥‥‥‥‥‥‥‥‥‥‥‥‥‥‥‥‥ 72
4.1.4　齿轮齿条副 ‥‥‥‥‥‥‥‥‥‥‥‥‥‥‥‥‥‥‥‥‥‥ 76
4.1.5　创建齿轮齿条副 ‥‥‥‥‥‥‥‥‥‥‥‥‥‥‥‥‥‥‥‥ 76
4.1.6　线缆副 ‥‥‥‥‥‥‥‥‥‥‥‥‥‥‥‥‥‥‥‥‥‥‥‥‥ 77
4.1.7　滑轮模型 ‥‥‥‥‥‥‥‥‥‥‥‥‥‥‥‥‥‥‥‥‥‥‥‥ 77

4.2　实例——二级减速器 ‥‥‥‥‥‥‥‥‥‥‥‥‥‥‥‥‥‥‥‥‥ 81
4.2.1　创建连杆和旋转副 ‥‥‥‥‥‥‥‥‥‥‥‥‥‥‥‥‥‥ 82
4.2.2　创建齿轮耦合副与动画 ‥‥‥‥‥‥‥‥‥‥‥‥‥‥‥‥ 84

4.3　实例——汽车转向机构 ‥‥‥‥‥‥‥‥‥‥‥‥‥‥‥‥‥‥‥ 85
4.3.1　创建连杆 ‥‥‥‥‥‥‥‥‥‥‥‥‥‥‥‥‥‥‥‥‥‥‥‥ 85
4.3.2　创建运动副 ‥‥‥‥‥‥‥‥‥‥‥‥‥‥‥‥‥‥‥‥‥‥ 87
4.3.3　创建齿轮齿条副 ‥‥‥‥‥‥‥‥‥‥‥‥‥‥‥‥‥‥‥‥ 89
4.3.4　运动分析 ‥‥‥‥‥‥‥‥‥‥‥‥‥‥‥‥‥‥‥‥‥‥‥‥ 90

4.4　实例——汽车刮水器 ‥‥‥‥‥‥‥‥‥‥‥‥‥‥‥‥‥‥‥‥ 92
4.4.1　创建连杆 ‥‥‥‥‥‥‥‥‥‥‥‥‥‥‥‥‥‥‥‥‥‥‥‥ 92
4.4.2　创建运动副 ‥‥‥‥‥‥‥‥‥‥‥‥‥‥‥‥‥‥‥‥‥‥ 93
4.4.3　创建传动副 ‥‥‥‥‥‥‥‥‥‥‥‥‥‥‥‥‥‥‥‥‥‥ 96

4.5　练习题 ‥‥‥‥‥‥‥‥‥‥‥‥‥‥‥‥‥‥‥‥‥‥‥‥‥‥‥‥‥ 98

第 **5** 章　约束 ‥‥‥‥‥‥‥‥‥‥‥‥‥‥‥‥‥‥‥‥‥‥‥‥‥‥‥‥‥‥‥ 99

5.1　创建约束 ‥‥‥‥‥‥‥‥‥‥‥‥‥‥‥‥‥‥‥‥‥‥‥‥‥‥‥ 100
5.1.1　点在线上副 ‥‥‥‥‥‥‥‥‥‥‥‥‥‥‥‥‥‥‥‥‥‥ 100
5.1.2　创建点在线上副 ‥‥‥‥‥‥‥‥‥‥‥‥‥‥‥‥‥‥‥‥ 100
5.1.3　线在线上副 ‥‥‥‥‥‥‥‥‥‥‥‥‥‥‥‥‥‥‥‥‥‥ 103
5.1.4　创建线在线上副 ‥‥‥‥‥‥‥‥‥‥‥‥‥‥‥‥‥‥‥‥ 103
5.1.5　点在面上副 ‥‥‥‥‥‥‥‥‥‥‥‥‥‥‥‥‥‥‥‥‥‥ 106
5.1.6　创建点在面上副 ‥‥‥‥‥‥‥‥‥‥‥‥‥‥‥‥‥‥‥‥ 106

5.2　实例——玻璃切割机模型 ‥‥‥‥‥‥‥‥‥‥‥‥‥‥‥‥‥ 109
5.2.1　创建连杆和运动副 ‥‥‥‥‥‥‥‥‥‥‥‥‥‥‥‥‥‥ 109
5.2.2　创建约束 ‥‥‥‥‥‥‥‥‥‥‥‥‥‥‥‥‥‥‥‥‥‥‥‥ 112

5.2.3 结果分析 113

5.3 实例——仿形运动机构 114

5.3.1 运动要求及分析思路 114

5.3.2 创建辅助对象 115

5.3.3 创建连杆 117

5.3.4 创建运动副 118

5.3.5 创建约束 120

5.3.6 运动分析 121

5.4 练习题 122

第 6 章 力的创建 123

6.1 载荷 124

6.1.1 标量力 124

6.1.2 创建标量力 125

6.1.3 矢量力 127

6.1.4 创建矢量力 128

6.1.5 创建标量扭矩 131

6.1.6 矢量扭矩 133

6.1.7 创建矢量扭矩 134

6.2 重力与摩擦力 137

6.2.1 重力 138

6.2.2 摩擦力 138

6.2.3 实例——摩擦力试验 140

6.3 练习题 142

第 7 章 连接器 143

7.1 弹性连接 144

7.1.1 弹簧 144

7.1.2 弹簧力 144

7.1.3 创建拉伸弹簧 145

7.1.4 创建扭转弹簧 147

7.1.5 弹簧柔性变形动画 151

7.1.6 衬套 154

7.1.7 创建衬套 154

7.2　阻尼连接 ·· 159

　　7.2.1　阻尼 ··· 159

　　7.2.2　创建阻尼 ·· 159

7.3　接触单元 ·· 162

　　7.3.1　2D 接触原理 ·· 162

　　7.3.2　创建 2D 接触 ··· 162

　　7.3.3　3D 接触原理 ·· 164

　　7.3.4　创建 3D 接触 ··· 165

7.4　实例——离合器 ·· 166

　　7.4.1　离合器运动分析 ·· 166

　　7.4.2　创建连杆 ·· 167

　　7.4.3　创建运动副 ··· 168

　　7.4.4　创建连接器与力 ·· 171

　　7.4.5　动画分析 ·· 172

　　7.4.6　图表输出 ·· 173

7.5　实例——撞击试验 ··· 175

　　7.5.1　创建连杆 ·· 175

　　7.5.2　创建运动副 ··· 176

　　7.5.3　创建力与连接器 ·· 177

　　7.5.4　创建动画 ·· 180

　　7.5.5　修正参数 ·· 181

　　7.5.6　图表输出 ·· 184

7.6　练习题 ··· 185

第 **8** 章　仿真结果输出 ·· 186

8.1　动画分析 ·· 187

　　8.1.1　常规驱动 ·· 187

　　8.1.2　铰接运动驱动 ··· 188

　　8.1.3　电子表格驱动 ··· 191

　　8.1.4　静力平衡 ·· 191

　　8.1.5　求解器参数 ··· 193

8.2　电子表格 ·· 193

　　8.2.1　电子表格和系统平台 ··· 194

　　8.2.2　创建和编辑电子表格 ··· 194

　　8.2.3　电子表格驱动模型 ·· 195

8.3 图表输出 198

8.3.1 UG NX 图表输出 198

8.3.2 电子表格输出 202

8.4 创建照片与视频 204

8.4.1 创建照片 204

8.4.2 创建视频 205

8.5 练习题 206

第 9 章 机构检查 207

9.1 封装选项 208

9.1.1 干涉检查 208

9.1.2 测量 211

9.1.3 追踪 214

9.2 标记功能 218

9.2.1 标记 218

9.2.2 智能点 220

9.2.3 传感器 222

9.3 实例——剪式千斤顶 225

9.3.1 运动要求及分析思路 225

9.3.2 创建连杆 225

9.3.3 创建剪式机构运动副 227

9.3.4 创建螺杆机构运动副 229

9.3.5 干涉检查 233

9.3.6 转速和顶起速度的图表 235

9.3.7 测量最大顶起高度 236

9.4 练习题 238

第 10 章 XY 函数编辑器 239

10.1 运动函数 240

10.1.1 多项式函数 240

10.1.2 简谐运动函数 242

10.1.3 间歇函数 245

10.2 AFU 格式表 249

10.2.1 对话框选项 249

10.2.2 使用随机数字 251

10.2.3 执行波形扫掠 253

10.2.4 从栅格数字化 255

10.2.5 从数据（绘图）数字化 257

10.2.6 从文本（电子表格）编辑器键入 259

10.3 实例——料斗运动 261

10.3.1 分析思路 262

10.3.2 定义连杆 263

10.3.3 创建料斗函数 264

10.3.4 创建外壳函数 266

10.3.5 创建辅助连杆函数 268

10.3.6 运动分析 270

10.3.7 干涉检查 272

10.3.8 创建视频 273

10.4 练习题 274

第 11 章 动力学分析综合实例 275

11.1 起重机模型优化 276

11.1.1 定义载荷 276

11.1.2 运动分析 278

11.1.3 编辑主模型尺寸 279

11.1.4 更新主模型 281

11.2 注射模 281

11.2.1 运动要求及分析思路 281

11.2.2 创建连杆 283

11.2.3 动模动作 284

11.2.4 滑块动作 286

11.2.5 顶针板动作 287

11.2.6 顶出杆动作 290

11.2.7 动画分析 293

11.2.8 图表输出 294

11.3 落地扇 295

11.3.1 运动要求及分析思路 295

11.3.2 创建连杆 296

11.3.3 运动副 297

　　　11.3.4　创建传动副 ··· 299

　　　11.3.5　动画分析 ·· 302

　11.4　练习题 ··· 302

第 2 篇　有限元分析篇

第 12 章　有限元分析准备 ································· 304

　12.1　分析模块的介绍 ··· 305

　12.2　有限元模型和仿真模型的建立 ·· 305

　12.3　求解器和分析类型 ·· 306

　　　12.3.1　求解器 ··· 307

　　　12.3.2　分析类型 ·· 307

　12.4　模型准备 ··· 307

　　　12.4.1　理想化几何体 ·· 307

　　　12.4.2　移除几何特征 ·· 308

　　　12.4.3　拆分体 ··· 309

　　　12.4.4　中面 ·· 310

　　　12.4.5　缝合 ·· 311

　　　12.4.6　分割面 ··· 311

　12.5　练习题 ··· 312

第 13 章　建立有限元模型 ································· 313

　13.1　材料属性 ··· 314

　13.2　添加载荷 ··· 318

　　　13.2.1　载荷类型 ·· 318

　　　13.2.2　载荷添加矢量 ·· 318

　　　13.2.3　载荷添加方案 ·· 319

　13.3　边界条件的加载 ··· 319

　　　13.3.1　边界条件类型 ·· 320

　　　13.3.2　约束类型 ·· 320

　13.4　划分网格 ··· 321

　　　13.4.1　网格类型 ·· 321

　　　13.4.2　零维网格 ·· 322

　　　13.4.3　一维网格 ·· 322

13.4.4 二维网格 ································ 323

13.4.5 三维四面体网格 323

13.4.6 三维扫描网格 325

13.4.7 接触网格 326

13.4.8 曲面接触网格 328

13.5 环境下拉菜单 328

13.5.1 解算方案 328

13.5.2 步骤 – 子工况 329

13.6 练习题 329

第 14 章 有限元模型的编辑 ·· 330

14.1 分析模型的编辑 331

14.1.1 抑制特征 331

14.1.2 释放特征 331

14.1.3 编辑有限元特征参数 331

14.1.4 主模型尺寸编辑 332

14.2 单元操作 332

14.2.1 拆分壳 332

14.2.2 合并三角形单元 333

14.2.3 移动节点 334

14.2.4 删除单元 334

14.2.5 创建单元 334

14.2.6 单元拉伸 335

14.2.7 单元旋转 335

14.2.8 单元复制和平移 336

14.2.9 单元复制和投影 337

14.2.10 单元复制和反射 337

14.3 有限元模型的检查 338

14.3.1 单元质量 338

14.3.2 单元边 339

14.3.3 重复节点 339

14.3.4 2D 单元法向 340

14.4 节点 / 单元信息 341

14.5 仿真信息总结 341

14.6 练习题 342

第15章　分析和查看结果 ……………………………………………………… 343

15.1　分析 ……………………………………………………………………… 344

15.1.1　求解 …………………………………………………………………… 344

15.1.2　分析作业监视器 ………………………………………………………… 345

15.2　后处理控制 ………………………………………………………………… 345

15.2.1　后处理视图 ……………………………………………………………… 346

15.2.2　标识（确定结果）……………………………………………………… 347

15.2.3　动画 ……………………………………………………………………… 348

15.3　实例——柱塞有限元分析 ………………………………………………… 348

15.3.1　有限元模型的建立 ……………………………………………………… 348

15.3.2　求解 ……………………………………………………………………… 351

15.3.3　后处理 …………………………………………………………………… 352

15.4　练习题 ………………………………………………………………………… 353

第16章　球摆分析综合实例 …………………………………………………… 354

16.1　模型的建立 ………………………………………………………………… 355

16.2　模型装配 …………………………………………………………………… 356

16.3　运动分析 …………………………………………………………………… 357

16.4　结构分析 …………………………………………………………………… 359

16.5　练习题 ……………………………………………………………………… 362

第 1 篇
动力学分析篇

本篇主要介绍 UG NX 12 动力学分析的一些基础知识和操作实例，包括运动仿真基础，连杆、质量及材料，运动副，传动副，约束，力的创建，连接器，仿真结果输出，机构检查，XY 函数编辑器，动力学分析综合实例等知识。

第 1 章
运动仿真基础

NX 运动仿真模块（NX/Motion Simulation）可以对运动机构进行分析。例如动画分析、干涉检查、图表输出等，从而验证运动机构设计的合理性，对运动机构进行优化。

重点与难点

了解 NX 运动仿真模块。
创建运动仿真、执行运动仿真。
认识运动仿真各工具栏、对话框的作用。
了解 NX 软件对系统和硬件的要求。

1.1　运动分析概述

运动仿真是 UG NX 12 数字仿真中的一个模块，它能对任何二维或三维机构进行复杂的运动学分析、静力分析，如图 1-1 所示。

图 1-1　机械手

使用运动仿真的功能赋予模型的各个部件一定的运动学特性，再在各个部件之间设立一定的连接关系既可建立一个运动仿真模型。

1.1.1　什么是运动分析

UG NX 运动仿真模块（UG NX/Motion Simulation）用于建立运动机构模型，分析模型的运动规律。运动仿真模块和主模型是分开保存，从而可以创建不同的运动仿真，而对主模型不产生影响。

如果运动仿真优化完成，可以更新到主模型，完成优化的设计结果。通过运动仿真能完成以下内容。

- 创建各种运动副、传动机构、施加载荷等。
- 进行机构的干涉分析、距离、角度测量等。
- 追踪部件的运动轨迹。
- 输出部件的速度、加速度、位移和力等图表。

1.1.2　理论力学

理论力学是研究物体的机械运动及物体间相互机械作用的一般规律的学科。理论力学是一门理论性较强的技术基础课，随着科学技术的发展，工程专业中许多课程均以理论力学为基础，如图 1-2 所示。UG NX 运动仿真模块涉及静力学、动力学和运动学中的刚体部分。

刚体动力学是动力学的一个分支学科，它主要研究作用于刚性物体的力与运动的关系。动力学的研究对象是运动速度远小于光速的宏观物体。例如连杆机构、凸轮机构、齿轮机构、差动机构、间歇运动机构、直线运动机构、螺旋机构和方向机构等，如图 1-3 所示。

图 1-2　理论力学　　　　　　　　　　图 1-3　典型运动机构

> **说明**　刚体的特点是其质点之间距离的不变性，因此运动机构模型不可能设置变形或受力后变形。

1.1.3　运动仿真的实现

运动仿真部件文件由主模型文件组成，主模型可以是装配文件或单个文件。运动仿真的实现根据模型复杂程度可多可少，如图 1-4 所示。实现运动仿真的 5 个基本步骤如下。

- 建立一个运动仿真文件（motion，后缀为 sim）。
- 进行运动模型的构建，设置每个零件的连杆特性。
- 设置两个连杆间的运动副和添加载荷、传动副等。
- 进行运动参数的设置，提交运动仿真模型数据，解算运动仿真。
- 运动分析结果的数据输出。

图 1-4　运动仿真结构

1.1.4　Gruebler

对于单个运动副的自由度（DOF）很容易推算，如果是整个机构的运动自由度，用 Gruebler 来表示。Gruebler 是一个近似的值，因为它没有考虑机构中所有的影响因素。解算器主要是考虑运动副的连接、方向确定自由度。当软件确定的自由度和 Gruebler 不一致时，会出现错误信息。

- ◉ 自由度大于零：机构欠约束可以活动，它是动力学分析的对象。
- ◉ 自由度小于零：机构全约束是一般的机构要达到的效果。一般由多个运动副和一个驱动组成。
- ◉ 自由度等于零：机构过约束是机构设计得不妥当，解算会失败。

在运动机构中，每增加一个连杆时，自由度增加 6 个；创建一个运动副时，自由度会减少，并在跟踪条的右方出现 Gruebler 提示 `Joint created - Gruebler count = 18`。Gruebler 的公式如下：

$$Gruebler = L \times 6 - \Sigma J - \Sigma I$$

其中 L 表示连杆数目；ΣJ 表示所有运动副去掉的自由度；ΣI 表示运动驱动数目。

常见运动副的自由度见表 1-1。

表 1-1　自由度

运动副	Joint	约束
固定副	Fixed	6
旋转副	Revolute	5
滑动副	Slider	5
柱面副	Cylindrical	4
球面副	Spherical	3
万向节	Universal	4
平面副	Planar	3
螺旋副	Screw	1
齿轮耦合副	Gear Joint	1
齿轮齿条副	Rack and pinion	1
线缆副	Cable Joint	2
点在线上副	point-on-curve	2
线在线上副	curve on curve Joint	2
点在面上副	Point on Surface	3

1.2　运动分析的进入和执行

UG NX 12 可以直接打开运动仿真文件（*.sim）。

1.2.1　进入仿真模块

由于运动仿真需要引入主模型，进入运动仿真和进入加工一样，需要打开主模型后才能执行。

进入仿真模块的步骤如下。

（1）打开主模型文件，其中可以包含装配文件。

> **说明**　如果需要打开已完成的运动仿真文件，可在打开文件时选择文件类型为仿真文件（*.sim），如图 1-5 所示。

图 1-5　打开文件

（2）单击【应用模块】选项卡【仿真】面组上的【运动】按钮，进入运动仿真界面。

（3）在资源导航器中选择【运动导航器】，右击运动仿真根目录图标，选择【新建仿真】，如图 1-6 所示。

（4）选择【新建仿真】后，软件自动打开【新建仿真】对话框，单击【确定】按钮，打开【环境】对话框，如图 1-7 所示。

图 1-6　新建仿真

图 1-7　【环境】对话框

（5）设置环境参数后，单击【确定】按钮，进入运动仿真方案。

1.2.2 执行运动分析

定义完运动模型后，要定义运动仿真的解算方案，并通过解算器完成每个时间点或位置的状态结果后才能输出仿真的结果。仿真运动机构有4种解算方案。

- 常规驱动：是基于时间的一种运动形式。机构在指定的时间和步数进行运动仿真，它是最常用的一种驱动。
- 铰链运动驱动：是基于位移的一种运动形式。机构在指定的步长（旋转角度或直线距离）和步数进行运动仿真。
- 电子表格驱动：功能和关节运动、常规驱动一样，使用电子表格作为某个运动副的驱动，使模型的运动按照指定的时间和动作完成。
- 柔性体：该解算方案将柔性体的动态表现缩减为一组模态形状，存储在ANSYS结构分析结果文件（.rst）中。

完成解算后运动仿真模型分析的结果能以6种形式输出。

- 动画：以时间或步长的形式使模型运动起来，如图1-8所示。

图1-8 动画输出

- XY结果：对机构仿真的结果生成直观的电子表格数据，例如位移、速度、加速度等，如图1-9所示。

图1-9 图表输出

- 填充电子表格：记录运动仿真驱动运动副的时间、步数到电子表格，如图1-10所示。
- 创建序列：控制一个装配运动仿真文件的装配和拆卸顺序。
- 载荷传递：以电子表格的形式分析零件在运动仿真过程中的受力情况。
- 运动包络：创建运动包络对象，表示由于物体随着动画步移动而占用的空间。

图 1-10　电子表格

1.3　运动仿真选项

1.3.1　运动仿真界面

　　进入运动仿真界面后，它与建模界面相比有一些变化。运动仿真界面分为：菜单、选项卡功能区、运动导航器和绘图区四大部分，如图 1-11 所示。它们的作用如下。

图 1-11　运动仿真界面

○ 菜单：包含 12 个菜单命令，例如文件、编辑、视图、插入等。菜单可以帮助用户完成 UG 所有的功能操作。

○ 选项卡功能区：由解算方案、机构、耦合副和连接器等组成。

○ 运动导航器：以图形树的形式详细地显示各数据，顶层节点是仿真，主模型部件（如果有的话）显示在其下。可使用文件→保存命令来保存仿真；要重命名仿真，可使用文件→另存为命令；要删除仿真及其关联文件，可从操作系统中删除文件；要克隆仿真，可使用基本环境或建模应用模块的创建克隆装配命令。

1.3.2　运动仿真导航器

运动导航器在运动仿真中的地位举足轻重，很多重要的命令或操作只能在运动导航器实现。例如创建、删除仿真，创建连杆、运动副等，如图 1-12 所示。具体的作用如下。

○ 新建仿真、移除运动仿真等命令。

○ 以图形树的形式详细显示各数据。

○ 新建连杆、运动副、约束等任何运动工具栏的命令。

○ 设置运动仿真环境。

○ 对运动仿真进行分析。

○ 导出 VRML、动画、MPEG、机构等。

图 1-12　运动导航器

1.3.3 【主页】选项卡

【主页】选项卡几乎可以实现运动仿真所有命令的执行。从连杆的创建到运动副、齿轮等，甚至包含运动分析，如图 1-13 所示。

图 1-13 【主页】选项卡

【主页】选项卡常用的命令如下。

- 连杆：连杆是连杆机构中两端分别与主动和从动构件铰接以传递运动和力的杆件，【连杆】对话框如图 1-14 所示。
- 接头：运动副的作用是将机构中的连杆连接在一起，并按定义规定的动作运动，【运动副】对话框如图 1-15 所示。常用的运动副有旋转副、滑块、柱面副、固定副、球面副、平面副。

图 1-14 【连杆】对话框

图 1-15 【运动副】对话框

- 耦合副：耦合副的作用是改变机构扭矩的大小、转速等。它包含齿轮耦合副、齿轮齿条副、线缆副和 2-3 联接耦合副 4 种类型。
- 约束：约束命令可以指定两对象的连接关系，它包含点在线上副、线在线上副、点在面上副 3 种类型。【点在线上副】对话框如图 1-16 所示。
- 连接器：连接器可对两个零件之间进行弹性连接、阻尼连接、定义接触。【弹簧】对话框如图 1-17 所示。

图 1-16 【点在线上副】对话框

图 1-17 【弹簧】对话框

- 加载：对物体施加的力，包含标量力、矢量力、标量扭矩和矢量扭矩 4 种类型。【矢量力】对话框如图 1-18 所示。
- 柔性连杆：定义该机构中的柔性连杆。【柔性连杆】对话框如图 1-19 所示。
- 样条梁属性：指定要有样条梁柔性连杆使用的结构属性。【样条梁属性】对话框如图 1-20 所示。
- 子机构：可以将子机构添加到运动仿真。添加到父机构的装配机构。要使用子机构，需要创建子机构，将其另存为 .sim 文件，然后将其添加到另一机构（即父 .sim 文件）。【添加子机构】对话框如图 1-21 所示。

图 1-18 【矢量力】对话框

图 1-19 【柔性连杆】对话框

图 1-20 【样条梁属性】对话框

图 1-21 【添加子机构】对话框

1.3.4　【动画】面组

【结果】选项卡中的【动画】面组能控制动画的播放、暂停、停止等，如图 1-22 所示，播放的时间和步数由解算方案决定。播放动画时运动导航器和运动工具栏等将被锁定，重新激活需要完成动画。动画控制工具栏各个按钮的功能如下。

- 播放图标 ▶，查看运动模型在设定的时间和步骤内的整个连续的运动过程。
- 第一步图标 ◄◄，查看运动模型在第一步的状态。
- 上一步图标 ◄|，使运动模型在设定的时间和步骤范围内向后运动一步。
- 下一步图标 ▶|，使运动模型在设定的时间和步骤范围内向前运动一步。
- 最后一步图标 ▶▶，查看运动模型在最后一步的状态。
- 暂停图标 ‖，在播放后，暂停运动模型在某一时间。
- 停止图标 ■，停止动画，且运动模型恢复到初始状态。
- 选项图标 ▼，它包含了动画选项工具栏。能完成对运动模型的测量、追踪、取消等命令，如图 1-23 所示。

图 1-22　【动画】面组

图 1-23　【动画选项】工具栏

1.4　UG NX 12 平台

1.4.1　操作系统要求

UG NX 12 软件需要有系统软件的支持才能安装和运行。软件供应商经过对 UG NX 12 操作系统版本的认证后，推荐的最低操作系统级别要求见表 1-2。

表 1-2　认证的操作系统版本

操 作 系 统	版 本
Microsoft Windows（64 位）	Microsoft Windows 10 专业版 和 企业版
Linux（64 位）	SuSE Linux Enterprise Server/Desktop 12
	Red Hat Enterprise Linux Server/Desktop 7
Mac OS X	版本 10.12.2

1.4.2　硬件要求

定义 UG NX 12 软件的最低计算机硬件配置要求比较困难，因为关键配置要求（特别是内存）

在不同用户之间区别很大。在购买计算机前，需要考虑的一般准则如下。

1. 处理器性能

尽管影响系统性能的主要是原始处理器速度，但其他因素对整体性能也有所影响，例如，磁盘驱动器的类型（SCSI、ATA、串行 ATA）、磁盘转速、内存速度、图形适配器和总线速度。一般规则为处理器越快，性能越好，但此规则仅适用于像结构框架这样的比较。例如：仅根据各自的处理器速度，很难推断 Intel 处理器相比 AMD 处理器的性能期望值。而且现在也有淡化处理器速度，转而看重多核处理器（实际处理器的速度较低）的趋势。

2. 多核处理器

多核处理器有两个或更多个处理器核芯，但是它们是作为单个处理器包交付的。多核技术非常复杂，并且，由于配置的原因，该技术还会对性能造成负面影响。原因就在于共享系统资源的多核存在相互冲突的可能。增多的核芯数并不总是意味着更好的性能表现。例如：与单路四核芯相比，两倍脚座数双核芯的性能更好。

3. 内存

运行原生 NX 的最小推荐内存为 8 GB。如果通过 Teamcenter 运行 NX（Teamcenter Integration for NX），最小推荐内存为 12 GB。但是，因为 NX 能处理大型装配和非常复杂的部件，所以我们许多客户使用 32 GB 内存的工作站，有些甚至使用 64 GB、96 GB 或更大内存的工作站。

为了实现最佳用户体验和应用性能，建议您在运行 NX 的客户工作站上安装尽可能大的内存。

4. 图形适配器

推荐用户使用受支持的图形适配器和经 Siemens PLM Software 认证的驱动程序，它们能满足 Siemens PLM Software 所有的要求。支持的 UG NX 图形适配器需要针对 OpenGL 设计，不支持低端、普通或者游戏显卡，因为这些显卡设备基于 DirectX 市场开发，不能很好地支持 OpenGL。

5. 鼠标和键盘

鼠标和键盘是 UG 软件必须使用到的硬件。其中鼠标需配置为三键鼠标，即左键、可以滚动的中键、右键。键盘推荐使用 101 或 102 键盘。键盘和鼠标可以单独使用，也可以配合使用。常用的功能键见表 1-3。

表 1-3　鼠标与键盘的功能

按　　键	功　　能
左键	单击和选择
中键	放大、缩小、旋转视图、确定、应用
右键	显示快捷菜单、下拉列表框等
中键 + 右键	平移视图
中键	放大、缩小视图
Shift+ 左键	撤销选取
Shift+ 中键，在视图中拖曳鼠标中键 + 鼠标右键	平移视图
Alt+ 中键	取消
在图形区域上（而非模型）单击右键，或按 Ctrl + 在图形区域的任意处单击右键	启动视图弹出菜单

续表

按　　键	功　　能
Tab	正向遍历对话框中的各个对话框控件
Shift+Tab	反向遍历对话框中的各个对话框控件
箭头键	在单个显示框内移动鼠标指针到单个的元素，如下拉菜单的选项
Enter	如果文本字段当前有鼠标指针移入，在对话框内激活【确定】按钮
空格 / Enter	在信息对话框内接受活动按钮

1.4.3　系统约定

右手规则用于决定旋转的方向和坐标系的方位，因此规则也决定了顺时针和逆时针方向。当用户输入一个正值，将从正向 X 轴或以指定的基准线逆时针测量角度。当用户输入一个负值，系统显示一个减号，以指示以顺时针方向移动，如图 1-24 所示。

UG NX 允许定义平面和坐标系，以构造几何体。这些平面和坐标系完全独立于视图方向。可以在平面上创建与屏幕不平行的几何体，在新建模型时默认绝对坐标系和工作坐标系重合。

- 绝对坐标系（ACS）：绝对坐标系是开始创建新模型时使用的坐标系。该坐标系定义模型空间，并且是原位固定的位置。
- 工作坐标系（WCS）：UG NX 12 允许创建任意数量的坐标系，由此来创建几何体。但是，每次只能使用一个坐标系进行构造。该坐标系称为工作坐标系，激活的工作坐标系只有一个。
- 基准坐标系（CSYS）：基准坐标系显示为部件导航器中的一个特征。它的对象可以单独选取，以支持创建其他特征和在装配中定位组件。创建新文件时，NX 会将基准坐标系定位在绝对零点，并在部件导航器中将其创建为第一个特征。

工作坐标系

绝对坐标系

基准坐标系

图 1-24　坐标系

1.5　练习题

1．简述运动分析的定义以及运动分析的实现。
2．执行运动分析的结果有哪几种类型？
3．根据 1.4 节的 UG NX 12 平台的讲解，查看自己的计算机是否符合要求。

第 2 章
连杆、质量及材料

本章将讲解连杆的创建，它是创建运动仿真的基础，并进一步指定连杆的材料和质量，使整个运动机构更加逼近真实。

重点与难点

理解连杆在运动机构中的作用。
创建实体连杆、非实体连杆。
检查、定义材料，并赋予到连杆。

2.1　连杆的定义

　　连杆（Link）是连杆机构中两端分别与主动和从动构件铰接以传递运动和力的杆件。例如在往复活塞式动力机械和压缩机中，用连杆来连接活塞与曲柄，如图 2-1 所示。在创建仿真机构中必须要选择运动模型几何体作为连杆，不运动的几何体可以作为固定连杆。

图 2-1　连杆

2.1.1　创建连杆

　　创建连杆的对象包含三维有质量、体积的实体和二维曲线、点。每个连杆均可以包含多个对象（可是二维与三维的混合），对象之间可有干涉和间隙。定义连杆时注意事项如下。
- 对象不能重复使用，如果在第一个连杆已经定义，则第二个不能再选择该对象。
- 如果连杆不需要运动，可以勾选【无运动副固定连杆】复选框使几何体固定，如图 2-2 所示。
- 整个运动机构模型必须有一个固定连杆或固定运动副，否则将不能对模型进行解算。

　　创建连杆的步骤如下。

　　（1）单击【主页】选项卡【机构】面组上的【连杆】按钮 ✎，或选择【菜单】→【插入】→【连杆】命令，打开【连杆】对话框，如图 2-3 所示。

图 2-2　【设置】选项卡

图 2-3　【连杆】对话框

（2）在视图区选择几何体作为连杆，可以是一个或多个对象（点、线、片体、实体）。

（3）在【名称】文本框输入连杆名字，也可以在创建连杆对话框默认的名字（Name）格式为 L001、L002、L003……中选择。

（4）单击【连杆】对话框中的【确定】按钮，完成连杆的创建。

2.1.2　质量特性

在三维实体连杆当中，几何体有体积、质量，一般不考虑质量特性（Mass Properties）。但是在二维（点、线、片体）连杆或需要精确的分析时，例如分析反作用力、动力学分析（Dynamic）等，必须考虑质量特性。

质量特性包含质量、质心和惯性矩，在定义连杆的时候可以在相应的文本框中输入参数。一般软件对【质量属性选项】默认是【自动】状态，如图 2-4 所示。在遇到曲线、片体时，质量特性为【用户定义】状态，如图 2-5 所示。只有定义质量特性后，方可进行动力学和静力学分析。

图 2-4　【连杆】对话框

图 2-5　【质量属性选项】选项卡

2.1.3　定义质量特性

质量特性可以计算物体的反作用力，在实体连杆当中，可以使用软件自动计算质量特性，如果需要用户定义质量特性，具体的步骤如下。

（1）单击【主页】选项卡【机构】面组上的【连杆】按钮，或选择【菜单】→【插入】→【连杆】命令，打开【连杆】对话框。

（2）在视图区选择几何体作为连杆。

（3）在【质量属性选项】下拉列表框中选择【用户定义】类型，如图 2-6 所示。软件自动打开【质量与力矩】选项卡，如图 2-7 所示。

（4）单击【质心】选项，选择一点作为连杆的质心。

| 说明 | 在精确选择质心时，直线的质心为中点，圆的质心为圆心，比较复杂的曲线、片体的质心一般在几何中心，如图 2-8 所示。 |

（5）选择连杆力矩的坐标系，力矩的坐标系为可选选项。

图 2-6　【连杆】对话框　　　　图 2-7　【质量与力矩】选项卡　　　　图 2-8　质心

说明
　　如果没有选择力矩的坐标系，则默认为当前的绝对坐标系，坐标系的原点在质心点，如图 2-9 所示。如果需要定义，单击 图标，打开【坐标系】对话框，如图 2-10 所示，定义力矩的坐标系。

　　（6）定义质量惯性矩（Mass Moments）、质量惯性积（Mass Products），在对应的文本框中输入值，如图 2-11 所示。其中 Ixx、Iyy、Izz 必须大于零，Ixy、Ixz、Iyz 可以是任意值。

图 2-9　力矩的坐标系　　　　图 2-10　【坐标系】对话框　　　　图 2-11　质量惯性矩、惯性积

单击单位中的下拉箭头可以调整输入数据的单位。

说明
　　初始平移速度（Translation Velocity）和初始旋转速度（Initial Rotation Velocity）为可选项目，可以不定义。

　　（7）可以在【名称】文本框中输入连杆名字，也可以从创建连杆对话框默认的名字（Name）中选取，名字格式为 L001、L002、L003……

　　（8）单击【连杆】对话框中的【确定】按钮，完成连杆的创建。

2.2　材料

　　材料（Material）特性是计算质量和惯性矩的关键因素，UG NX 12 的材料功能可以创建新的材料、查询材料和赋予机构中的实体等。

2.2.1　调用材料

在 UG NX 12 创建的实体具有密度值，其密度由软件自动设定，通常为 $7.83 \times 10^3 kg/m^3$，即 $7.83 \times 10^{-6} kg/mm^3$。

没有分配材料特性的实体均为默认的密度值。

说明	如果要修改默认的密度，则选择菜单栏中的【菜单】→【首选项】→【建模】命令，打开【建模首选项】对话框。在【密度】文本框中输入需要定义的值，如图 2-12 所示。

调用材料的步骤如下。

（1）选择【菜单】→【工具】→【材料】→【指派材料】命令，打开【指派材料】对话框，如图 2-13 所示。

图 2-12　【建模首选项】对话框

图 2-13　【指派材料】对话框

（2）在视图区选择要定义材料的实体，可以是一个或多个对象。

（3）在【类别】下拉列表框中选择材料的类别，如 METAL（金属）。

（4）在【类型】下拉列表框中选择需要的材料类型，如各向同性、正交各向异性等。

（5）在【名称】下拉列表框中选择需要的材料名称，如 Aluminum_2014、Iron_Nodular 等。

（6）单击【指派材料】对话框中的【确定】按钮，完成材料的赋予。

> 说明　调用材料操作是替换性的，每个实体只有一种材料。如果赋予实体一种材料，原先的材料就会被替换。

2.2.2　定义材料

如果材料库没有所需要的材料，用户可以建立自己的材料或材料库，以方便后续使用。定义材料具体的步骤如下。

（1）选择【菜单】→【工具】→【材料】→【管理材料】，打开【管理材料】对话框。

（2）单击【管理材料】对话框右下角的【创建材料】按钮，打开材料对话框，如图 2-14 所示。

（3）定义材料的名称、类别。

（4）在机械、强度等选项卡中输入材料对应的特性。

（5）单击材料对话框中的【确定】按钮，完成材料的定义。

图 2-14　材料对话框

2.3　练习题

1．简述创建连杆的具体步骤。如果是曲线，要创建连杆需要增加哪些步骤？

2．简述定义材料的步骤。

第 3 章
运动副

　　为了组成一个能运动的机构，必须把两个相邻构件（包括机架、原动件、从动件）以一定的方式连接起来，这种连接必须是可动连接，而不能是无相对运动的固接（如焊接或铆接）。凡是使两个构件接触而又保持某些相对运动的可动连接称为运动副。两个部件被赋予连杆特性后，就可以用运动副相连接，组成运动机构。

重点与难点

　　了解运动副的相关定义、要点。
　　创建各种运动副。

3.1　运动副的定义和类型

运动副（Joint）的作用就是将机构中的连杆连接在一起，成为一个有机的整体进行运动，而不是表面上的静态连接。为了让机构做规定的动作，必须使用运动副连接协调运动。

3.1.1　运动副的定义

在运动副的定义之前，机构中的连杆悬浮在空间，好像天空中的飞机。连杆没有任何约束，因此它可以在空间任何方向运动，如图 3-1 所示，它具有 6 个自由度（Degrees of Freedom，DOF）。

- 沿 X 方向的移动。
- 沿 X 方向的旋转。
- 沿 Y 方向的移动。
- 沿 Y 方向的旋转。
- 沿 Z 方向的移动。
- 沿 Z 方向的旋转。

各种运动副都包含自己约束限制的自由度，例如旋转副约束 5 个自由度，部件只能沿轴心旋转，如图 3-2 所示。机构当中的运动副约束和自由度的定义等于 Gruebler 数。

图 3-1　物体自由度

图 3-2　旋转副

3.1.2　运动副的类型

UG NX 12 运动仿真模块提供了 15 种类型的运动副，它们的自由度数量各有差异。其中大部分是不能提供驱动的类型。根据是否存在驱动和使用频率分类如下。

- 包含驱动。如旋转副、滑动副、柱面副。
- 不包含驱动。如固定的、螺旋副、球面副、平面副、万向节副。
- 不包含驱动不常用。如恒定速度、点重合、共线、共面、方向、平行、垂直。

1．旋转副（Revolute）

旋转副连接可以实现两个相连件绕同一轴做相对的转动，如图 3-3 所示。

2．滑块（Slider）

滑块连接是指两个相连件互相接触并保持着相对的滑动，如图 3-4 所示。

图 3-3　旋转副　　　　　　　　　　　　　图 3-4　滑动副

3. 柱面副（Cylindrical）

柱面副 连接实现了一个部件绕另一个部件（或机架）的相对转动和轴向位移，如图 3-5 所示。

4. 球面副（Spherical）

球面副 实现了一个部件绕另一个部件（或机架）做相对的各个自由度的运动，它只有一种形式——必须是两个连杆相连，如图 3-6 所示。球面副不能定义驱动，只能作为从动运动副。

图 3-5　柱面副　　　　　　　　　　　　　图 3-6　球面副

5. 万向节（Universal）

万向节 实现了两个部件之间可以绕互相垂直的两根轴做相对的转动，它只有一种形式——必须是两个连杆相连，例如汽车转向机构，如图 3-7 所示。万向节不能定义驱动，只能作为从动运动副。

6. 平面副（Planar）

平面副 平面连接可以实现两个部件之间以平面相接触，互相约束，如图 3-8 所示。平面副不能定义驱动，只能作为从动运动副。

图 3-7　万向节副　　　　　　　　　　　　图 3-8　平面副

7. 螺旋副（Screw）

螺旋副 连接实现了一个部件绕另一个部件（或机架）做相对的螺旋运动，如图 3-9 所示。螺旋副不能定义驱动，只能作为从动运动副。

8. 固定副（Fixed）

固定副 连接可以阻止连杆的运动，单击具有固定的连杆，自由度为零，如图 3-10 所示。两个连杆之间的固定使连杆之间没有相对运动。

图 3-9　螺旋副　　　　　　　　　　图 3-10　固定副

3.2　创建运动副

UG NX 12 内各种运动副（Joint）的创建步骤几乎是相同的，只要掌握其中一种，其他就会迎刃而解。创建运动副的步骤分为三步。

（1）选择当前运动副所需要的连杆，如果不是连杆，就不能被选中。

（2）指定运动副的原点、方向。设置完运动副的第一个连杆上相关的参数后，如果还需要和其他连杆关联运动，可以选择第二个连杆进行咬合。

（3）设置运动副的驱动。

扫码看视频

3.2.1　创建运动副的步骤

（1）启动 UG NX 12，打开 Motion /chapter3 /3.2 /Base /motion_1.sim。

说明　　后缀为 .sim 的文件为运动仿真文件或文件夹内其他文件，请不要随意删除。如果要直接打开运动仿真文件，选择仿真文件 .sim。

（2）单击【主页】选项卡【机构】面组上的【接头】按钮 ，打开【运动副】对话框，选择【旋转副】类型，如图 3-11 所示。

（3）单击【选择连杆】选项，在视图区选择齿轮模型。

（4）在【指定原点】下拉列表框中单击【圆弧中心 / 椭圆中心、球心】按钮 ，选择齿轮旋转的圆心点，如图 3-12 所示。由于软件的自动选择功能，往往不能明确地定义原点和方向，仿真结果不精确，需要手动选择。

（5）单击【指定矢量】选项，选择齿轮的柱面或端面，临时坐标系的 Z 轴指向轴心，如图 3-13 所示。

说明　　软件使用首先选中的对象创建原点和矢量，如果选择一个圆，则运动副的原点在圆心，矢量的 Z 方向垂直于圆。如果是直线，则原点在直线最近的点上，矢量的 Z 方向平行于直线。

（6）单击【运动副】对话框中的【确定】按钮，完成旋转副的创建。

图 3-11　【运动副】对话框　　　　　图 3-12　指定原点　　　　　图 3-13　指定矢量

3.2.2　创建啮合连杆

扫码看视频

连杆指定运动副后，不仅自身可以运动，有时还能伴随其他连杆运动。此种情况在 UG NX 12 内称为啮合连杆（Snap Links），如图 3-14 所示，运动的齿轮除可以自身旋转，还能跟随支架一起转动。啮合连杆甚至不通过完整的装配，也能在仿真时以完整装配演示。

（1）启动 UG NX 12，打开 Motion /chapter3/3.2/Snap Links/motion_1.sim。

（2）单击资源导航器【运动导航器】标签，打开【运动导航器】选项卡，如图 3-15 所示。双击 J002 图标，打开【运动副】对话框，如图 3-16 所示。

（3）在【底数】选项卡中勾选【啮合连杆】复选框，如图 3-17 所示。

（4）单击【选择连杆】选项，在视图区选择支架。

（5）单击【指定原点】选项，在视图区选择支架或齿轮的某一个轴心点，如图 3-18 所示。

（6）单击【指定矢量】选项，选择系统提示的坐标系 X 轴，使临时坐标系的 Z 轴指向轴心，如图 3-19 所示。

图 3-14　模型　　　　　　　　　　　图 3-15　运动导航器

图 3-16　【运动副】对话框　　　　　　　　图 3-17　【底数】选项卡

（7）单击【运动副】对话框中的【确定】按钮，完成啮合连杆的创建，在仿真动画输出时的齿轮模型如图 3-20 所示。

图 3-18　指定原点　　　　　　图 3-19　指定矢量　　　　　　图 3-20　带啮合的旋转副

啮合连杆注意事项如下。

- 不创建啮合连杆时，运动副相对地面约束运动（固定在指定点运动，不会随重力掉下）。
- 如果杆之间装配好，需要相对于第二个连杆运动，可以选择第二个连杆。第二个连杆可以不指定原点和矢量。
- 如果连杆之间没有装配好，可以勾选【啮合连杆】复选框，指定第二个连杆的原点和矢量。在运动仿真动画播放时会装配在一起。

3.2.3　固定副

固定副（Fixed）连接可以阻止连杆的运动，单个具有固定副的连杆自由度为零。例如，一个连杆上有驱动的滑动副，另外一个连杆如果和这个连杆加上固定副，则两个连杆可以一起运动。

创建固定副有两种方法。

- 在创建连杆时，在【设置】选项卡勾选【无运动副固定连杆】复选框，使连杆固定，如

图 3-21 所示。
● 在创建运动副时，在【类型】下拉列表框中选择【固定副】类型，如图 3-22 所示。

图 3-21 【连杆】对话框   图 3-22 【运动副】对话框

3.2.4 旋转副

扫码看视频

旋转副可以实现部件绕轴做旋转运动。它有两种形式：一种是两个连杆绕同一轴做相对的转动（咬合）；另一种是一个连杆绕固定轴进行旋转（非咬合）。在旋转副上一共被限制了 5 个自由度，物体只能沿矢量的 Z 轴旋转，Z 轴的正反向可以设置旋转的方向。

1. 新建仿真

（1）启动 UG NX 12，打开 Motion /chapter3 /3.2 / Revolute .prt，出现如图 3-23 所示带轮模型。

（2）单击【应用模块】选项卡【仿真】面组上的【运动】按钮，进入运动仿真界面。

（3）在资源导航器中选择【运动导航器】，右击运动仿真 Revolute 图标，选择【新建仿真】，如图 3-24 所示。

图 3-23 带轮模型   图 3-24 运动导航器

（4）选择【新建仿真】后，软件自动打开【新建仿真】对话框，单击【确定】按钮，打开【环境】对话框，如图 3-25 所示。默认各参数，单击【确定】按钮。

2. 创建连杆

（1）单击【主页】选项卡【机构】面组上的【连杆】按钮，打开【连杆】对话框，如图 3-26 所示。

（2）在视图区选择带轮作为连杆。

（3）单击【连杆】对话框中的【确定】按钮，完成连杆的创建。

3. 创建旋转副

（1）单击【主页】选项卡【机构】面组上的【接头】按钮 🔧，打开【运动副】对话框，如图 3-27 所示。

图 3-25 【环境】对话框　　　　图 3-26 【连杆】对话框　　　图 3-27 【运动副】对话框（一）

（2）单击【选择连杆】选项，在视图区选择带轮连杆。

（3）单击【指定原点】选项，在视图区选择带轮圆心点，如图 3-28 所示。

说明　　　　旋转副的原点可以在 Z 轴的任意位置，但是做精确分析时，最好把原点放在模型中间。

（4）单击【指定矢量】选项，选择如图 3-29 所示的面，使临时坐标系的 Z 轴指向轴心，如图 3-29 所示。

（5）单击【驱动】标签，打开【驱动】选项卡，如图 3-30 所示。

图 3-28 指定原点　　　　　　图 3-29 指定矢量　　　　图 3-30 【运动副】对话框（二）

（6）在【旋转】下拉列表框中选择【多项式】类型。在【速度】文本框中输入 200，如图 3-31 所示。

（7）单击【运动副】对话框中的【确定】按钮，完成旋转副创建。

4．求解结果

（1）单击【主页】选项卡【解算方案】面组上的【解算方案】按钮，打开【解算方案】对话框，如图 3-32 所示。

（2）在【时间】文本框中输入 10，在【步数】文本框中输入 1000，如图 3-33 所示。单击【确定】按钮，完成解算方案。

@ 说明	解算时推荐步数是时间的 100 倍，如果是做精确的解算，推荐步数是时间的 200 倍。倍数过低，分析结果不准确；倍数过高，解算时间过长。

图 3-31　【驱动】选项卡　　　图 3-32　【解算方案】对话框　　　图 3-33　【解算方案选项】选项卡

（3）单击【主页】选项卡【解算方案】面组上的【求解】按钮，求解出当前解算方案的结果。根据运动仿真的复杂程度和计算机的硬件情况，解算需要等待一段时间。

（4）单击【结果】选项卡【动画】面组上的【播放】按钮，开始带轮运动，其他按钮锁定。

（5）单击【结果】选项卡【动画】面组上的【完成】按钮，完成带轮动画分析。

3.2.5　滑动副

扫码看视频

滑动副可以连接两个部件，并保持接触和相对的滑动。在滑动副里面一共被限制了 5 个自由度，物体只能沿矢量的 Z 轴方向运动，Z 轴正反向可以设置运动的方向。

1．新建仿真

（1）启动 UG NX 12，打开 Motion /chapter3 /3.2 / Slider.prt，出现如图 3-34 所示空气锤模型。

（2）单击【应用模块】选项卡【仿真】面组上的【运动】按钮，进入运动仿真界面。

（3）在资源导航器中选择【运动导航器】，右击运动仿真 Slider 图标，选择【新建仿真】，如图 3-35 所示。

（4）选择【新建仿真】后，软件自动打开【新建仿真】对话框，单击【确定】按钮，打开【环境】对话框，如图 3-36 所示。默认各参数，单击【确定】按钮。

2．创建连杆

（1）单击【主页】选项卡【机构】面组上的【连杆】按钮，打开【连杆】对话框，如图 3-37 所示。

（2）在视图区选择空气锤冲头作为连杆 L001，如图 3-38 所示。

（3）单击【连杆】对话框中的【应用】按钮，完成连杆 L001 的创建。

（4）在视图区选择空气锤壳体作为连杆 L002。

（5）在【设置】选项卡中勾选【无运动副固定连杆】复选框，使空气锤壳体固定，如图 3-39 所示。

图 3-34　空气锤模型　　　　　图 3-35　运动导航器　　　　　图 3-36　【环境】对话框

图 3-37　【连杆】对话框　　　　图 3-38　选择连杆　　　　　图 3-39　【设置】选项卡

（6）单击【连杆】对话框中的【确定】按钮，完成连杆 L002 的创建。

3. 创建滑块副

（1）单击【主页】选项卡【机构】面组上的【接头】按钮，打开【运动副】对话框。

（2）在视图区选择空气锤冲头连杆。

（3）在【类型】下拉列表框中选择【滑块】类型，如图 3-40 所示。

（4）单击【指定原点】选项，在视图区选择空气锤冲头任意一圆心点为原点，如图 3-41 所示。

说明　　　滑动副的原点可以位于 Z 轴上任意的位置，都会产生相同的运动效果。但是做精确的分析时，最好把原点放在模型的中间。

（5）单击【指定矢量】选项，选择系统提示的坐标系 X 轴或任意柱面，使临时坐标系的 Z 轴指向轴心，如图 3-42 所示。

图 3-40　【运动副】对话框（一）

图 3-41　指定原点

图 3-42　指定矢量

（6）单击【驱动】标签，打开【驱动】选项卡，如图 3-43 所示。

（7）在【平移】下拉列表框中选择【多项式】选项。在【速度】文本框中输入 2，如图 3-44 所示。

（8）单击【运动副】对话框中的【确定】按钮，完成滑块的创建。

图 3-43　【运动副】对话框（二）

图 3-44　【平移】对话框

4. 求解结果

（1）单击【主页】选项卡【解算方案】面组上的【解算方案】按钮，打开【解算方案】对话框，如图 3-45 所示。

（2）在【解算方案选项】选项卡中输入时间为 5，步数为 500，如图 3-46 所示。单击【确定】按钮，完成解算方案。

（3）单击【主页】选项卡【解算方案】面组上的【求解】按钮，求解出当前解算方案的结果。

（4）单击【结果】选项卡【动画】面组上的【播放】按钮，空气锤开始运动，如图 3-47 所示。

（5）单击【结果】选项卡【动画】面组上的【完成】按钮，完成当前空气锤动画的解算。

图 3-45 【解算方案】对话框

图 3-46 【解算方案选项】选项卡

图 3-47 动画效果（1s、2s、5s）

3.2.6 柱面副

柱面副连接实现了一个部件绕另一个部件（或机架）的相对转动。在柱面副里面一共被限制了 4 个自由度，物体只能绕轴心线性运动、旋转。本实例以台虎钳手柄局部运动为例进行讲解。

扫码看视频

1. 新建仿真

（1）启动 UG NX 12，打开 Motion /chapter3 /3.2 / Cylindrical .prt，出现的台虎钳模型如图 3-48 所示。

（2）单击【应用模块】选项卡【仿真】面组上的【运动】按钮，进入运动仿真界面。

（3）在资源导航器中选择【运动导航器】，右击运动仿真 Cylindrical 图标，选择【新建仿真】，如图 3-49 所示。

（4）选择【新建仿真】后，软件自动打开【新建仿真】对话框，单击【确定】按钮，打开【环境】对话框，如图 3-50 所示。默认各参数，单击【确定】按钮。

2. 创建连杆

（1）单击【主页】选项卡【机构】面组上的【连杆】按钮，打开【连杆】对话框，如图 3-51 所示。

（2）在视图区选择台虎钳螺纹杆、手柄和小球一共 4 个实体作为连杆 L001，如图 3-52 所示。

（3）单击【连杆】对话框中的【确定】按钮，完成连杆 L001 的创建。

图 3-48　台虎钳模型　　　　　图 3-49　运动导航器　　　　　图 3-50　【环境】对话框

3. 创建柱面副

（1）单击【主页】选项卡【机构】面组上的【接头】按钮，打开【运动副】对话框。

（2）在视图区选择连杆 L001。

（3）在【类型】下拉列表框中选择【柱面副】类型，如图 3-53 所示。

图 3-51　【连杆】对话框　　　　图 3-52　创建连杆　　　　图 3-53　【运动副】对话框

（4）单击【指定原点】选项，在视图区选择钳螺纹杆任意一圆心点为原点，如图 3-54 所示。

（5）单击【指定矢量】选项，选择系统提示的坐标系 X 轴或钳螺纹杆柱面，如图 3-55 所示。

图 3-54　指定原点　　　　　　　图 3-55　指定矢量

（6）单击【驱动】标签，打开驱动设置选项卡，如图 3-56 所示。

（7）在【旋转】下拉列表框中选择【多项式】类型，在【速度】文本框中输入 360。

（8）在【平移】下拉列表框中选择【多项式】类型，在【速度】文本框中输入 20，如图 3-57 所示。每旋转 360°，连杆 L001 将前进 20mm。

图 3-56　【运动副】对话框

图 3-57　【平移】对话框

（9）单击【运动副】对话框中的【确定】按钮，完成柱面副创建。

4．求解结果

（1）单击【主页】选项卡【解算方案】面组上的【解算方案】按钮 📋，打开【解算方案】对话框，如图 3-58 所示。

（2）在【解算方案选项】选项卡文本框中输入时间为 3，步数为 300，如图 3-59 所示。

图 3-58　【解算方案】对话框

图 3-59　【解算方案选项】选项卡

（3）单击【解算方案】对话框中的【确定】按钮，完成解算方案。

（4）单击【主页】选项卡【解算方案】面组上的【求解】按钮 📦，求解出当前解算方案的结果。

（5）单击【结果】选项卡【动画】面组上的【播放】按钮 ▶，开始台虎钳的运动，如图 3-60 所示。

图 3-60　动画效果（0.3s、2.5s）

（6）单击【结果】选项卡【动画】面组上的【完成】按钮，完成台虎钳的动画分析。

3.2.7 球面副

球面副实现了一个部件绕另一个部件（或机架）做相对的各个自由度的运动，它只有一种形式——必须是两个连杆相连。在球面副里面一共被限制了 3 个自由度，物体只能绕轴心摆动、旋转。

1．新建仿真

（1）启动 UG NX 12，打开 Motion /chapter3 /3.2 / Spherical .prt，出现球面副模型，如图 3-61 所示。

（2）单击【应用模块】选项卡【仿真】面组上的【运动】按钮，进入运动仿真界面。

（3）在资源导航器中选择【运动导航器】，右击运动仿真 Spherical 图标，选择【新建仿真】，如图 3-62 所示。

（4）选择【新建仿真】后，软件自动打开【新建仿真】对话框，单击【确定】按钮，打开【环境】对话框，如图 3-63 所示。默认各参数，单击【确定】按钮。

图 3-61 球面副模型   图 3-62 运动导航器   图 3-63 【环境】对话框

2．创建连杆

（1）单击【主页】选项卡【机构】面组上的【连杆】按钮，打开【连杆】对话框，如图 3-64 所示。

（2）在视图区选择球面杆为连杆，如图 3-65 所示。

图 3-64 【连杆】对话框   图 3-65 选择连杆

（3）单击【连杆】对话框中的【确定】按钮，完成球面连杆的创建。

3. 创建球面副

（1）单击【主页】选项卡【机构】面组上的【接头】按钮 ，打开【运动副】对话框。

（2）单击【连杆】选项，在视图区选择连杆 L001，如图 3-66 所示。

（3）在【类型】下拉列表框中选择【球面副】类型，如图 3-67 所示。

（4）单击【指定原点】选项，在视图区选择球面连杆球心点为原点，如图 3-68 所示。

图 3-66　选择连杆

图 3-67　【运动副】对话框

图 3-68　指定原点、矢量

（5）单击【指定矢量】选项，选择系统提示的坐标系 XC 轴或活塞柱面。

> **说明**　球面副的原点在球心点，球面副连杆可以绕点随意转动，因此可以不严格指定矢量。

（6）单击【运动副】对话框中的【确定】按钮，完成球面副的创建。

3.2.8　万向节

万向节实现了两个部件之间绕互相垂直的两根轴做相对的转动。它只有一种形式——必须是两个连杆相连。在万向节里面一共被限制了 4 个自由度，物体只能沿两个轴旋转，如图 3-69 所示。

图 3-69　万向节

> **说明**　由于万向节没有咬合功能，当装配的位置与设计的位置不一致时，需要先装配好模型。

1. 装配万向节模型

为了操作方便，本例简化了万向节不需要的组件，它一共需要装配 3 个组件，具体步骤如下。

（1）启动 UG NX 12，单击【主页】选项卡【标准】面组上【新建】

扫码看视频

按钮 ，弹出【新建】对话框。

（2）选择模板为装配，名称和文件夹默认，如图 3-70 所示。

（3）单击【新建】对话框中的【确定】按钮，退出【新建】对话框。自动进入装配模块，并打开【添加组件】对话框。

（4）单击【添加组件】对话框中的【打开】按钮 ，打开 Motion / chapter3 /3.2 /Universal /01. prt。出现组件预览窗口，如图 3-71 所示。

图 3-70 【新建】对话框

图 3-71 十字

（5）在【装配位置】下拉列表框中选择【绝对坐标系—工作部件】类型，如图 3-72 所示。

（6）单击【添加组件】对话框中的【确定】按钮，完成十字的装配。

（7）单击【主页】选项卡【装配】面组上的【添加】按钮 ，打开【添加组件】对话框。

（8）单击【添加组件】对话框中的【打开】按钮 ，打开 Motion /chapter3 /3.2 /Universal /02. prt，出现组件预览窗口，如图 3-73 所示。

（9）在【放置】选项中选择【约束】类型，在【约束类型】选项中选择【接触对齐】类型，在【方位】下拉列表框中选择【自动判断中心 / 轴】类型，如图 3-74 所示。选择十字架柱面和叉杆柱面，并使它们的轴心重合，如图 3-75 所示。

（10）在【方位】下拉列表框中选择【接触】类型，选择十字架端面和叉杆端面，使两面贴合，如图 3-76 所示。

（11）按照相同的步骤完成另一侧的叉杆，选择 Motion /chapter3 /3.2 /Universal /03.prt，万向节装配完成后，结果如图 3-77 所示。

2. 创建万向节动画分析

创建万向节动画分析时，除创建必要的万向节运动副外，还需要创建两叉杆的旋转副，其中一个旋转副要有驱动。具体的步骤如下。

（1）新建仿真。

1）单击【应用模块】选项卡【仿真】面组上的【运动】按钮 ，进入运动仿真界面。

图 3-72　【添加组件】对话框

图 3-73　叉杆

图 3-74　【添加组件】对话框

图 3-75　选择面（一）

图 3-76　选择面（二）

图 3-77　万向节装配

2）在资源导航器中选择【运动导航器】，右击运动仿真 Universal 图标，选择【新建仿真】，如图 3-78 所示。

3）选择【新建仿真】后，软件自动打开【新建仿真】对话框，单击【确定】按钮，打开【环境】对话框，如图 3-79 所示。默认各参数，单击【确定】按钮。

图 3-78 运动导航器　　　　　　　　　图 3-79 【环境】对话框

（2）创建连杆。

1）单击【主页】选项卡【机构】面组上的【连杆】按钮✎，打开【连杆】对话框。

2）在视图区选择其中一根叉杆作为连杆 L001。

3）单击【连杆】对话框中的【确定】按钮，完成连杆的创建。

4）按照相同的步骤完成中间十字轴连杆 L002 和另一个叉杆连杆 L002 的创建，如图 3-80 所示。

（3）创建连杆 L001 和连杆 L003 的旋转副。

1）单击【主页】选项卡【机构】面组上的【接头】按钮🖱，打开【运动副】对话框，如图 3-81 所示。

图 3-80 【连杆】对话框　　　　　　　图 3-81 【运动副】对话框

2）单击【选择连杆】选项，在视图区选择连杆 L003。

3）单击【指定原点】选项，在视图区选择叉杆尾部圆心点为原点，如图 3-82 所示。

4）单击【指定矢量】选项，选择叉杆尾部端面或柱面，如图 3-83 所示。

5）单击【驱动】标签，打开【驱动】选项卡，如图 3-84 所示。

6）在【旋转】下拉列表框中选择【多项式】类型。在【速度】文本框中输入 200，如图 3-85 所示。

7）单击【运动副】对话框中的【确定】按钮，完成旋转副的创建。

8）按照相同的步骤完成连杆 L001 旋转副的创建，都是不再需要定义驱动，完成的两个旋转副如图 3-86 所示。

图 3-82　指定原点

图 3-83　指定矢量

图 3-84　【运动副】对话框

图 3-85　【驱动设置】选项卡

图 3-86　旋转副

（4）创建连杆 L002 和连杆 L001 的旋转副。

单击【主页】选项卡【机构】面组上的【接头】按钮，打开【运动副】对话框。

1）在【类型】下拉列表框中选择【旋转轴】类型。

2）单击【选择连杆】选项，在视图区选择连杆 L002。单击【指定原点】选项，选择坐标原点。单击【指定矢量】选项，选择如图 3-87 所示的十字轴圆柱端面。

3）单击【底数】标签，打开【底数】选项卡，勾选【啮合连杆】复选框，如图 3-88 所示。单击【选择连杆】选项，在视图区选择连杆 L001，单击【指定原点】选项，选择坐标原点，单击【指定矢量】选项，选择如图 3-87 所示的十字轴圆柱端面。

4）单击【运动副】对话框的【确定】按钮，完成旋转副的创建。

图 3-87　指定矢量

图 3-88　底数选项卡

5）按照相同的步骤完成连杆 L002 和连杆 L003 的旋转副，完成的两个旋转副，如图 3-89 所示。

（5）创建万向节。

1）单击【主页】选项卡【机构】面组上的【接头】按钮，打开【运动副】对话框，如图 3-90 所示。

2）在【类型】下拉列表框中选择【万向节】类型。

图 3-89　创建旋转副

3）单击【选择连杆】选项，在视图区选择连杆 L003，如图 3-91 所示。

4）单击【指定原点】选项，在视图区选择十字中心或坐标零点为原点。

图 3-90 【运动副】对话框

图 3-91 选择连杆

说明 万向节的原点必须在两连杆中间，而且两连杆之间的角度不能小于 90°，否则会产生警告信息，出现自锁情况。万向节没有咬合功能，第二连杆不需要指定原点。

5）单击【指定矢量】选项，选择连杆 L003 尾部端面，如图 3-92 所示。

6）单击【底数】标签，打开【底数】选项卡，如图 3-93 所示。

7）单击【选择连杆】选项，选择 L001 为万向节的第二根连杆；单击【指定矢量】选项，指定矢量为连杆尾部轴心，如图 3-94 所示。

8）单击【运动副】对话框中的【确定】按钮，完成万向节的创建。

图 3-92 指定原点、矢量

图 3-93 【底数】选项卡

图 3-94 指定矢量为连杆尾部轴心

（6）求解结果。

1）单击【主页】选项卡【解算方案】面组上的【解算方案】按钮，打开【解算方案】对话框，如图 3-95 所示。

2）在【解算方案选项】选项卡文本框中输入时间为 3，步数为 300，如图 3-96 所示。

图 3-95 【解算方案】对话框

图 3-96 【解算方案选项】选项卡

3）单击【解算方案】对话框中的【确定】按钮，完成解算方案。

4）单击【主页】选项卡【解算方案】面组上的【求解】按钮 ，求解出当前解算方案的结果。

5）单击【结果】选项卡【动画】面组上的【播放】按钮 ，万向节开始运动，如图 3-97 所示。

6）单击【结果】选项卡【动画】面组上的【完成】按钮 ，完成当前万向节动画分析。

图 3-97　动画效果（0s、1s、2s）

3.2.9　平面副

平面副可以连接两个部件之间以平面相接触、互相约束，平面副和滑动副比较类似。在平面副运动类型里面一共被限制了 3 个自由度，物体在平面内任意运动。

扫码看视频

1．进入仿真环境

启动 UG NX 12，打开 Motion /chapter3 /3.2 / Planar / motion_1.sim，出现平面副模型，如图 3-98 所示。

2．创建连杆

（1）单击【主页】选项卡【机构】面组上的【连杆】按钮 ，打开【连杆】对话框。

（2）在视图区选择长方体作为连杆 L001。

（3）单击【连杆】对话框中的【应用】按钮，完成长方体连杆的创建。

（4）在视图区选择斜楔作为连杆 L002。

（5）在【设置】选项卡中勾选【无运动副固定连杆】复选框，使斜楔固定，如图 3-99 所示。

（6）单击【连杆】对话框中的【确定】按钮，完成平面副运动类型的创建。

3．创建平面副

（1）单击【主页】选项卡【机构】面组上的【接头】按钮 ，打开【运动副】对话框。

（2）在【类型】下拉列表框中选择【平面副】类型，如图 3-100 所示。

图 3-98　平面副模型　　　　图 3-99　【连杆】对话框　　　　图 3-100　【运动副】对话框

（3）单击【选择连杆】选项，在视图区选择连杆 L001。

（4）单击【指定原点】选项，在视图区选择长方体底面任意一点为原点，如图 3-101 所示。

（5）单击【指定矢量】选项，选择斜楔体斜面，如图 3-102 所示。

图 3-101　指定原点　　　　　　　　　　　图 3-102　指定矢量

（6）单击【运动副】对话框中的【确定】按钮，完成平面副运动类型的创建。

4．求解结果

（1）单击【主页】选项卡【解算方案】面组上的【解算方案】按钮，打开【解算方案】对话框，如图 3-103 所示。

（2）在【解算方案选项】选项卡文本框中输入时间为 0.5，步数为 100，如图 3-104 所示。

（3）单击【解算方案】对话框中的【确定】按钮，完成解算方案。

图 3-103　【解算方案】对话框　　　　　　图 3-104　【解算方案选项】选项卡

（4）单击【主页】选项卡【解算方案】面组上的【求解】按钮，求解出当前解算方案的结果。

（5）单击【结果】选项卡【动画】面组上的【播放】按钮，长方体随重力开始滑行，如图 3-105 所示。

图 3-105　动画效果（0s、0.1s、0.34s）

（6）单击【结果】选项卡【动画】面组上的【完成】按钮，完成当前平面副动画分析。

3.2.10 螺旋副

螺旋副连接实现了一个部件绕另一个部件（或机架）做相对的螺旋运动。螺旋副连接只限制了 1 个自由度，物体在除轴心方向外可任意运动。

本实例将模拟瓶盖打开的运动仿真。由于螺旋副不能定义驱动，模型增加了辅助的直线连杆。利用直线的驱动推动瓶盖运动，具体的步骤如下。

1. 新建仿真

（1）启动 UG NX 12，打开 Motion /chapter3 /3.2 / Screw .prt，出现化妆瓶模型，如图 3-106 所示。

（2）单击【应用模块】选项卡【仿真】面组上的【运动】按钮，进入运动仿真界面。

（3）在资源导航器中选择【运动导航器】，右击运动仿真 Screw 图标，选择【新建仿真】，如图 3-107 所示。

图 3-106　化妆瓶

图 3-107　运动导航器

（4）选择【新建仿真】后，软件自动打开【新建仿真】对话框，单击【确定】按钮，打开【环境】对话框，如图 3-108 所示。默认各参数，单击【确定】按钮。

2. 创建连杆

（1）单击【主页】选项卡【机构】面组上的【连杆】按钮，打开【连杆】对话框，如图 3-109 所示。

（2）在视图区选择直线为连杆，如图 3-110 所示。

图 3-108　【环境】对话框

图 3-109　【连杆】对话框

图 3-110　选择连杆

（3）由于直线没有质量、体积等需要用户自定义的，在"质量属性选项"下拉列表中选择"用户定义"，单击【质量与力矩】标签，打开【质量与力矩】选项卡。

（4）单击【质心】选项，在视图区选择直线中点为原点。

（5）分别在【质量】文本框、【Ixx】文本框、【Iyy】文本框、【Izz】文本框中输入 10，如图 3-111 所示。

（6）单击【连杆】对话框中的【应用】按钮，完成直线连杆 L001 的创建。

（7）在视图区选择瓶盖作为连杆，如图 3-112 所示。

（8）单击【连杆】对话框中的【确定】按钮，完成瓶盖连杆 L002 的创建。

图 3-111　【质量和惯性】选项卡

图 3-112　选择连杆

3．创建滑块副

（1）单击【主页】选项卡【机构】面组上的【接头】按钮，打开【运动副】对话框。

（2）单击【选择连杆】选项，在视图区选择连杆 L001。

（3）在【类型】下拉列表框中选择【滑块】类型，如图 3-113 所示。

（4）单击【指定原点】选项，在视图区选择直线中点为原点。

（5）单击【指定矢量】选项，选择直线或 ZC 轴，如图 3-114 所示。

图 3-113　【运动副】对话框

图 3-114　指定矢量

（6）单击【驱动】标签，打开【驱动设置】选项卡。

（7）在【平移】下拉列表框中选择【多项式】类型，在【速度】文本框中输入 10，如图 3-115 所示。

（8）单击【运动副】对话框中的【确定】按钮，完成滑块副创建，如图 3-116 所示。

图 3-115 【平移】选项卡

图 3-116 完成滑动副创建

4. 创建螺旋副

（1）单击【主页】选项卡【机构】面组上的【接头】按钮，打开【运动副】对话框。

（2）单击【选择连杆】选项，在视图区选择连杆 L002。

（3）在【类型】下拉列表框中选择【螺旋副】类型，如图 3-117 所示。

（4）单击【指定原点】选项，在视图区选择直线中点为原点。

（5）单击【指定矢量】选项，选择直线或 ZC 轴，如图 3-118 所示。

图 3-117 【运动副】对话框

图 3-118 指定原点

（6）单击【底数】标签，打开【底数】选项卡，如图 3-119 所示。

（7）单击【选择连杆】选项，选择连杆 L001。

（8）单击【方法】标签，打开【方法】选项卡。

（9）在螺旋副比率【值】文本框中输入 −2，如图 3-120 所示。

图 3-119 【底数】选项卡

图 3-120 【方法】选项卡

（10）单击【运动副】对话框中的【确定】按钮，完成螺旋副创建。

5．求解结果

（1）单击【主页】选项卡【解算方案】面组上的【解算方案】按钮，打开【解算方案】对话框，如图 3-121 所示。

（2）在【解算方案选项】选项卡文本框中输入时间为 0.5，步数为 100，如图 3-122 所示。

图 3-121 【解算方案】对话框

图 3-122 【解算方案选项】选项卡

（3）单击【解算方案】对话框中的【确定】按钮，完成解算方案。

（4）单击【主页】选项卡【解算方案】面组上的【求解】按钮，求解出当前解算方案的结果。

（5）单击【结果】选项卡【动画】面组上的【播放】按钮，瓶盖开始运动，如图 3-123 所示。

图 3-123 动画效果（0s、0.3s、0.5s）

（6）单击【结果】选项卡【动画】面组上的【完成】按钮，完成当前瓶盖开启的动画分析。

3.3　实例——三连杆运动机构

本节将使用 3 个连杆创建 3 个旋转副组成三连杆运动机构。主运动设置在最短连杆的旋转副内，创建机构时重点在连杆的咬合功能，完成后观察三连杆运动的情况。

扫码看视频

3.3.1　创建连杆

三连杆运动机构一共由 4 个部件组成，其中支座是固定不动的。因此支座可以不定义为连杆，也可以定义为固定连杆，具体的步骤如下。

1. 新建仿真

（1）打开 Motion /chapter3 /3.3 /3-link.prt，出现三连杆运动机构模型，如图 3-124 所示。

（2）单击【应用模块】选项卡【仿真】面组上的【运动】按钮，进入运动仿真界面。

（3）在资源导航器中选择【运动导航器】，右击运动仿真 3-link 图标，选择【新建仿真】，如图 3-125 所示。

（4）选择【新建仿真】后，软件自动打开【新建仿真】对话框，单击【确定】按钮，打开【环境】对话框，如图 3-126 所示。默认各参数，单击【确定】按钮。

图 3-124　三连杆运动机构

图 3-125　运动导航器

图 3-126　【环境】对话框

2. 创建连杆

（1）单击【主页】选项卡【机构】面组上的【连杆】按钮，打开【连杆】对话框，如图 3-127 所示。

（2）在视图区选择连杆 L001，如图 3-128 所示。

（3）单击【连杆】对话框中的【应用】按钮，完成连杆 L001 的创建。

（4）在视图区选择连杆 L002。

（5）单击【连杆】对话框中的【确定】按钮，完成连杆 L002 的创建。

（6）在视图区选择连杆 L003。

（7）单击【连杆】对话框中的【应用】按钮，完成连杆 L003 的创建。

（8）在视图区选择连杆 L004。

（9）在【设置】选项卡中勾选【无运动副固定连杆】复选框，使连杆 L004 固定，如图 3-129 所示。

图 3-127 【连杆】对话框

图 3-128 选择连杆

图 3-129 【设置】选项卡

（10）单击【连杆】对话框中的【确定】按钮，完成 L004 的创建。

3.3.2 创建运动副

完成三连杆运动机构的连杆创建后，需要定义旋转副。它一共需要定义 4 个旋转副，由于一根连杆没有装配好，两个旋转副需要开启咬合功能，具体的步骤如下。

1. 创建旋转副 1

（1）单击【主页】选项卡【机构】面组上的【接头】按钮 ，打开【运动副】对话框，如图 3-130 所示。

（2）单击【选择连杆】选项，在视图区选择连杆 L001。

（3）单击【指定原点】选项，在视图区选择连杆 L001 下端圆心点为原点，如图 3-131 所示。

图 3-130 【运动副】对话框

图 3-131 指定原点

（4）单击【指定矢量】选项，选择系统提示的坐标系 Y 轴，如图 3-132 所示。

（5）单击【驱动】标签，打开【驱动】设置选项卡，如图 3-133 所示。

（6）在【旋转】下拉列表框中选择【多项式】类型。在【速度】文本框中输入 55，如图 3-134 所示。

（7）单击【运动副】对话框中的【应用】按钮，完成第一个旋转副创建。

| 图 3-132　指定矢量（一） | 图 3-133　【运动副】对话框 | 图 3-134　【旋转】下拉列表 |

说明　本小节中连杆 L001、连杆 L002 之间的运动副可以在它们任意一个连杆中创建，连杆 L002、连杆 L003 之间的运动副也是一样。

2. 创建旋转副 2

（1）单击【主页】选项卡【机构】面组上的【接头】按钮，打开【运动副】对话框。

（2）单击【选择连杆】选项，在视图区选择连杆 L002。

（3）单击【指定原点】选项，在视图区选择连杆 L002 左端圆心点为原点，如图 3-135 所示。

（4）单击【指定矢量】选项，选择系统提示的坐标系 Y 轴，如图 3-136 所示。

| 图 3-135　指定原点 | 图 3-136　指定矢量（二） |

（5）在【底数】选项卡中勾选【啮合连杆】复选框，激活【底数】选项卡，如图 3-137 所示。

（6）单击【选择连杆】选项，在视图区选择连杆 L001，如图 3-138 所示。

| 图 3-137　【底数】选项卡 | 图 3-138　啮合连杆 |

（7）单击【指定原点】选项，在视图区选择连杆 L001 的上端圆心点，使它和连杆 L002 的原点重合，如图 3-139 所示。

（8）单击【指定矢量】选项，选择系统提示的坐标系 Y 轴，使它和连杆 L002 矢量相同，如图 3-140 所示。

（9）单击【运动副】对话框中的【确定】按钮，完成啮合连杆的创建。

图 3-139　指定原点（一）　　　　　图 3-140　指定矢量（一）

3. 创建旋转副 3

（1）单击【主页】选项卡【机构】面组上的【接头】按钮，打开【运动副】对话框。

（2）单击【选择连杆】选项，在视图区选择连杆 L002。

（3）单击【指定原点】选项，在视图区选择连杆 L002 右端圆心点为原点，如图 3-141 所示。

（4）单击【指定矢量】选项，选择系统提示的坐标系 Y 轴，如图 3-142 所示。

图 3-141　指定原点（二）　　　　　图 3-142　指定矢量（二）

（5）在【底数】选项卡中勾选【啮合连杆】复选框，激活【底数】选项卡，如图 3-143 所示。

（6）单击【选择连杆】选项，在视图区选择连杆 L003，如图 3-144 所示。

图 3-143　【底数】选项卡　　　　　图 3-144　啮合连杆

（7）单击【指定原点】选项，在视图区选择连杆 L003 的上端圆心点为原点，如图 3-145 所示。

（8）单击【指定矢量】选项，选择系统提示的坐标系 *Y* 轴，如图 3-146 所示。

（9）单击【运动副】对话框中的【确定】按钮，完成啮合连杆的创建。

图 3-145　指定原点（一）　　　　　图 3-146　指定矢量（一）

4．创建旋转副 4

（1）单击【主页】选项卡【机构】面组上的【接头】按钮，打开【运动副】对话框。

（2）单击【选择连杆】选项，在视图区选择连杆 L003。

（3）单击【指定原点】选项，在视图区选择连杆 L004 右端圆心点为原点，如图 3-147 所示。

（4）单击【指定矢量】选项，选择系统提示的坐标系 *Y* 轴，如图 3-148 所示。

（5）单击【运动副】对话框中的【确定】按钮，完成旋转副的创建。

图 3-147　指定原点（二）　　　　　图 3-148　指定矢量（二）

3.3.3　动画分析

完成连杆和运动副的创建后，对三连杆运动机构运动进行动画分析，具体的步骤如下。

（1）单击【主页】选项卡【解算方案】面组上的【解算方案】按钮，打开【解算方案】对话框，如图 3-149 所示。

（2）在【解算方案选项】选项卡文本框中输入时间为 8，步数为 800，如图 3-150 所示。

（3）单击【解算方案】对话框中的【确定】按钮，完成解算方案。

图 3-149 【解算方案】对话框

图 3-150 【解算方案选项】选项卡

（4）单击【主页】选项卡【解算方案】面组上的【求解】按钮🗐，求解出当前解算方案的结果。

（5）单击【结果】选项卡【动画】面组上的【播放】按钮▶，开始运动，如图 3-151 所示。

（6）单击【结果】选项卡【动画】面组上的【完成】按钮🏁，完成当前三连杆运动机构的动画分析。

图 3-151 动画效果（1s、2s、3s、5s）

3.4 实例——冲床模型

本小节将使用 3 个连杆，创建 4 个运动副组成冲床模型，如图 3-152 所示。主运动设置为旋转运动，由电动机模型供给。从运动为周期性的线性运动，使用 2 个滑动副和 1 个旋转副获得。

扫码看视频

图 3-152 冲床模型

3.4.1 装配转盘

装配冲床转盘一共需要装配 3 个模型，底座在装配中为绝对原点放置，电动机和转盘为轴心重合，一共是 4 个约束，具体步骤如下。

1. 装入机架

（1）启动 UG NX 12，单击【新建】按钮□，弹出【新建】对话框。

（2）选择模板为装配，在【名称】文本框中输入 punch，文件夹为 Motion/chapter3/ 3.4/punch。

（3）单击【新建】对话框中的【确定】按钮，退出【新建】对话框。自动进入装配模块，并弹出【添加组件】对话框。

（4）单击【添加组件】对话框中的【打开】按钮 ，打开 Motion /chapter3 /3.4 /punch /1.prt，出现组件预览窗口，如图 3-153 所示。

（5）单击【装配位置】下拉列表框，选择【绝对坐标系—工作部件】类型，如图 3-154 所示。

（6）单击【添加组件】对话框中的【确定】按钮，完成机架的装配。

2. 装配电动机

（1）单击【主页】选项卡【装配】面组上的【添加】按钮 ，打开【添加组件】对话框。

（2）单击【添加组件】对话框中的【打开】按钮 ，打开 Motion /chapter3 /3.4 /punch /2.prt，出现组件预览窗口，如图 3-155 所示。

图 3-153　机架

图 3-154　【添加组件】对话框

图 3-155　电动机模型

（3）单击【放置】下拉列表框，选择【约束】类型，在【约束类型】选项中选择【接触约束】类型，在【方位】下拉列表框中选择【自动判断中心 / 轴】选项，如图 3-156 所示。

（4）选择电动机中心孔和机架弧面，使它们的轴心重合，如图 3-157 所示。

图 3-156 【添加组件】对话框

图 3-157 选择面（一）

（5）在【方位】下拉列表框中选择【接触】选项，如图 3-158 所示。

（6）选择电动机底面和机架电动机槽底面，使两面贴合，如图 3-159 所示。

（7）单击【添加组件】对话框中的【确定】按钮，完成轴心重合。

3．装配转轮

（1）单击【主页】选项卡【装配】面组上的【添加】按钮🔩，打开【添加组件】对话框。

（2）单击【添加组件】对话框中的【打开】按钮📂，打开 Motion /chapter3 /3.4 /punch /3.prt，弹出组件预览窗口，如图 3-160 所示。

图 3-158 【接触】选项

图 3-159 选择面（二）

图 3-160 电动机模型

（3）在【放置】选项中选择【约束】，在【约束类型】选项中选择【接触对齐】类型，在【方位】下拉列表框中选择【自动判断中心 / 轴】选项，如图 3-161 所示。

（4）选择转轮轴和电动机中心孔，使它们的轴心重合，如图 3-162 所示。

（5）在【方位】下拉列表框中选择【接触】类型。

（6）选择转轮端面和机架电动机槽底面，使两面贴合。

（7）单击【添加组件】对话框中的【确定】按钮，完成转轮装配，如图 3-163 所示。

图 3-161　【添加组件】对话框

图 3-162　选择面

图 3-163　转轮装配

3.4.2　装配冲头与连杆

装配冲头需要有冲头和传动连杆两个部件，冲头需要两个接触约束，使它只能线性运动。传动连杆则需要连接冲头和转盘，需要两个轴心重合，具体的步骤如下。

1. 装配冲头

（1）单击【主页】选项卡【装配】面组上的【添加】按钮，弹出【添加组件】对话框。

（2）单击【添加组件】对话框中的【打开】按钮，打开 Motion /chapter3 /3.4 /punch / 5.prt，弹出组件预览窗口，如图 3-164 所示。

（3）在【放置】选项中选择【约束】，在【约束类型】选项中选择【接触对齐】类型，在【方位】下拉列表框中选择【接触】选项，如图 3-165 所示。

（4）选择冲头侧面和槽侧面，使两面贴合，如图 3-166 所示。

图 3-164　组件预览窗口（一）　　　图 3-165　【添加组件】对话框

图 3-166　选择面（一）

（5）按照相同的步骤，使冲头底面和槽底面贴合，如图 3-167 所示。

2. 装配连杆

（1）单击【主页】选项卡【装配】面组上的【添加】按钮，打开【添加组件】对话框。

（2）单击【添加组件】对话框中的【打开】按钮，打开 Motion /chapter3 /3.4 /punch /4 .prt，出现组件预览窗口，如图 3-168 所示。

图 3-167　选择面（二）　　　　　　　图 3-168　组件预览窗口（二）

（3）在【放置】选项中选择【约束】，在【约束类型】选项中选择【接触对齐】类型，在【方位】下拉列表框中选择【自动判断中心 / 轴】选项，如图 3-169 所示。

（4）选择连杆孔和转轮凸台，使它们的轴心重合，如图 3-170 所示。

（5）单击【添加组件】对话框中的【确定】按钮，完成轴心重合。

（6）按照相同的步骤，使连杆孔另一孔和冲头凸台轴心重合，完成的装配如图 3-171 所示。

图 3-169　【添加组件】对话框　　　图 3-170　选择面　　　图 3-171　完成的冲床模型装配

3.4.3　创建连杆与运动副

冲床模型需要创建 3 个旋转副、2 个滑动副，其中转盘的旋转副需要驱动。具体的步骤如下。

1. 新建仿真

（1）单击【应用模块】选项卡【仿真】面组上的【运动】按钮，进入运动仿真界面。

（2）在资源导航器中选择【运动导航器】，右击运动仿真 punch 图标，选择【新建仿真】，如图 3-172 所示。

（3）选择【新建仿真】后，软件自动打开【新建仿真】对话框，单击【确定】按钮，打开【环境】对话框，如图 3-173 所示。默认各参数，单击【确定】按钮。

图 3-172　运动导航器　　　　图 3-173　【环境】对话框

（4）打开【机构运动副向导】对话框，单击【取消】按钮，如图 3-174 所示。

图 3-174 【机构运动副向导】对话框

2. 创建连杆

（1）单击【主页】选项卡【机构】面组上的【连杆】按钮 ✎，打开【连杆】对话框，如图 3-175 所示。

（2）在视图区选择转轮为连杆 L001。

（3）单击【连杆】对话框中的【确定】按钮，完成连杆的创建。

（4）按照相同的步骤完成连杆 L002、冲头 L003 的创建。

3. 创建旋转副 1

（1）单击【主页】选项卡【机构】面组上的【接头】按钮 ✄，打开【运动副】对话框，如图 3-176 所示。

（2）单击【选择连杆】选项，在视图区选择转轮连杆 L001。

（3）单击【指定原点】选项，在视图区选择转轮圆心点为原点，如图 3-177 所示。

图 3-175 【连杆】对话框

图 3-176 【运动副】对话框

图 3-177 指定原点

（4）单击【指定矢量】选项，选择转轮端面，如图 3-178 所示。

（5）单击【驱动】标签，打开【驱动】选项卡，如图 3-179 所示。

（6）在【旋转】下拉列表框中选择【多项式】类型。在【速度】文本框中输入 1800，如图 3-180 所示。

（7）单击【运动副】对话框中的【确定】按钮，完成转轮旋转副的创建。

图 3-178　指定矢量（一）　　　图 3-179　【运动副】对话框　　　图 3-180　【旋转】选项卡

4. 创建旋转副 2

（1）单击【主页】选项卡【机构】面组上的【接头】按钮，打开【运动副】对话框。
（2）单击【选择连杆】选项，在视图区选择连杆 L002。
（3）单击【指定原点】选项，在视图区选择转轮凸台圆心点为原点，如图 3-181 所示。
（4）单击【指定矢量】选项，选择连杆 L002 的上表面，如图 3-182 所示。

图 3-181　指定原点　　　　　　　　图 3-182　指定矢量（二）

（5）在【底数】选项卡中勾选【啮合连杆】复选框，如图 3-183 所示。
（6）单击【选择连杆】选项，在视图区选择连杆 L001，如图 3-184 所示。
（7）单击【指定原点】选项，在视图区选择转轮凸台圆心点为原点。
（8）单击【指定矢量】选项，选择系统提示的坐标系 Z 轴，如图 3-185 所示。
（9）单击【运动副】对话框中的【确定】按钮，完成啮合连杆的创建。

图 3-183　【底数】选项卡　　　　图 3-184　啮合连杆　　　　图 3-185　指定原点、矢量

5. 创建旋转副 3

（1）单击【主页】选项卡【机构】面组上的【接头】按钮，打开【运动副】对话框。

（2）单击【选择连杆】选项，在视图区选择连杆 L002。

（3）单击【指定原点】选项，在视图区选择连杆 L002 右端圆心点为原点，如图 3-186 所示。

（4）单击【指定矢量】选项，选择系统提示的坐标系 Z 轴，如图 3-187 所示。

（5）在【底数】选项卡中勾选【啮合连杆】复选框，如图 3-188 所示。

图 3-186 指定原点（一）

图 3-187 指定矢量（一）

图 3-188 【底数】选项卡

（6）单击【选择连杆】选项，在视图区选择连杆 L003，如图 3-189 所示。

（7）单击【指定原点】选项，在视图区选择连杆 L002 右端圆心点为原点。

（8）单击【指定矢量】选项，选择系统提示的坐标系 Z 轴，如图 3-190 所示。

（9）单击【运动副】对话框中的【确定】按钮，完成啮合连杆的创建。

图 3-189 啮合连杆

图 3-190 指定矢量（二）

6. 创建滑块副

（1）单击【主页】选项卡【机构】面组上的【接头】按钮，打开【运动副】对话框。

（2）在【运动副】对话框中的【类型】下拉列表框选择【滑块】类型。

（3）单击【选择连杆】选项，在视图区选择冲头连杆 L003。

（4）单击【指定原点】选项，在视图区选择冲头任意一点为原点，如图 3-191 所示。

（5）单击【指定矢量】选项，选择系统提示的坐标系 X 轴，如图 3-192 所示。

（6）单击【运动副】对话框中的【确定】按钮，完成滑块副创建。

图 3-191 指定原点（二）

图 3-192 指定矢量（三）

3.4.4 动画分析

（1）单击【主页】选项卡【解算方案】面组上的【解算方案】按钮，打开【解算方案】对话框，如图 3-193 所示。

（2）在【解算方案选项】选项卡文本框中输入时间为 10，步数为 1000。

（3）勾选【按"确定"进行求解】复选框，直接解算，如图 3-194 所示。

图 3-193　【解算方案】对话框

图 3-194　【解算方案选项】选项卡

（4）单击【解算方案】对话框中的【确定】按钮，完成解算方案。

（5）单击【结果】选项卡【动画】面组上的【播放】按钮 ▶，开始冲床运动，如图 3-195 所示。

（6）单击【主页】选项卡【动画】面组上的【完成】按钮 🏁，完成当前冲床模型的动画。

图 3-195　动画效果（1s、1.5s、2.3s）

3.4.5　优化模型

冲床模型的运动建立后，可以进行各种分析后修改模型。本实例以满足冲床最基本的功能来对模型线性运动的距离进行调整优化。

（1）在【装配导航器】中选择模型，右键在打开的如图 3-196 所示的快捷菜单中选择【在窗口中打开】选项，打开装配模型。

（2）单击【应用】选项卡【仿真】面组上的【前 / 后处理】按钮 🖳，进入高级仿真模块，在【仿真导航器】中选择模型，右键打开如图 3-197 所示的快捷菜单，在快捷菜单中选择【新建理想化部件】选项，打开【新建理想化部件】对话框，如图 3-198 所示，选择保存路径，单击【确定】按钮，打开【理想化部件警告】对话框，如图 3-199 所示，单击【确定】按钮。

图 3-196　快捷菜单

图 3-197　【新建理想化部件】选项

图 3-198 【新建理想化部件】对话框

（3）单击【主页】选项卡【开始】面组上的【提升】按钮⟐，打开【提升体】对话框，如图 3-200 所示，选择装配体，单击【确定】按钮，完成几何体的提升。

图 3-199 【理想化部件警告】对话框　　　　　　　图 3-200 【提升体】对话框

（4）选择【菜单】→【编辑】→【主模型尺寸】命令，打开【编辑尺寸】对话框，如图 3-201 所示。

（5）查找和冲床线性运动的距离，最关键的尺寸。

（6）单击 SKETCH_000:草图(5) 图标，特征表达式显示相关尺寸，如图 3-202 所示。

（7）单击表达式 P12=40，在【值】文本框中显示 40，如图 3-203 所示。此尺寸为凸台到圆心的距离，如果要清楚知道此表达式的用途，单击【用于何处】按钮，打开【信息】对话框，如图 3-204 所示。

图 3-201 【编辑尺寸】对话框（一）　　图 3-202 特征表达式　　图 3-203 【编辑尺寸】对话框（二）

（8）编辑此尺寸可以改变冲床线性运动的距离，如输入 30，模型马上更新，如图 3-205 所示。再次做动画分析，会发现冲头的运动距离加长。

图 3-204 【信息】对话框

图 3-205 原模型、优化的模型（一）

3.5 实例——台虎钳模型

本节将完成 3.2.6 小节柱面副所涉及的台虎钳模型，完成台虎钳模型完整的动画分析。当旋转手柄时，钳口要对应地滑动，以便锁紧物体。

扫码看视频

3.5.1 创建连杆和运动副

台虎钳模型的柱面副已经创建，钳口的滑动副为单一的滑动性质，需要相对地面固定。因此要在钳口与手柄之间添加辅助的旋转副咬合钳口，传递手柄的位移运动，具体的步骤如下。

1. 创建连杆

（1）打开 Motion /chapter3 /3.5 / Cylindrical / motion_1.sim，出现厚模型、优化的模型（二），如图 3-206 所示。

（2）单击【主页】选项卡【机构】面组上的【连杆】按钮，打开【连杆】对话框，如图 3-207所示。

图 3-206 原模型、优化的模型（二）

图 3-207 【连杆】对话框

65

（3）在视图区选择手柄为连杆 L001，如图 3-208 所示。单击【连杆】对话框中的【应用】按钮，完成连杆 L001 的创建。

（4）在视图区选择活动钳口为连杆 L002，如图 3-209 所示。

（5）单击【连杆】对话框中的【确定】按钮，完成连杆的创建。

2. 创建柱面副

（1）单击【主页】选项卡【机构】面组上的【接头】按钮，打开【运动副】对话框。

图 3-208 选择 L001 连杆

（2）在【类型】下拉列表框中选择【柱面副】类型，如图 3-210 所示。

（3）单击【选择连杆】选项，在视图区选择手柄连杆 L001，如图 3-211 所示。

图 3-209 选择 L002 连杆

图 3-210 【运动副】对话

图 3-211 选择连杆

（4）单击【指定原点】选项，在视图区选择连杆 L001 右边圆心，如图 3-212 所示。

（5）单击【指定矢量】选项，选择手柄的任意一柱面，使 Z 指向轴心，如图 3-213 所示。

图 3-212 指定原点   图 3-213 指定矢量

（6）单击【驱动】标签，打开【驱动】选项卡，如图 3-214 所示。

（7）在【旋转】下拉列表框中选择【多项式】类型，在【速度】文本框中输入 360；在【平移】下拉列表框中选择【多项式】类型，在【速度】文本框中输入 20，如图 3-215 所示。

（8）单击【运动副】对话框中的【确定】按钮，完成柱面副的创建。

3. 创建旋转副

（1）单击【主页】选项卡【机构】面组上的【接头】按钮，打开【运动副】对话框，单击【类型】下拉列表框，选择【旋转副】类型，如图 3-216 所示。

图 3-214　【运动副】对话框（一）

图 3-215　【驱动】选项卡

（2）单击【选择连杆】选项，在视图区选择手柄连杆 L001，如图 3-217 所示。

图 3-216　【运动副】对话框（二）

图 3-217　选择连杆

（3）单击【指定原点】选项，在视图区选择连杆 L002 右边圆心，如图 3-218 所示。

（4）单击【指定矢量】选项，选择手柄连接处的任意一柱面，使 Z 指向轴心，如图 3-219 所示。

图 3-218　指定原点

图 3-219　指定矢量

（5）在【底数】选项卡中勾选【啮合连杆】复选框，如图 3-220 所示。

（6）单击【选择连杆】选项，在视图区选择连杆 L002，如图 3-221 所示。

（7）单击【指定原点】选项，在视图区选择连杆 L002 右边圆心。

（8）单击【指定矢量】选项，选择手柄连接处的任意一柱面，使 Z 指向轴心。

（9）单击【运动副】对话框中的【确定】按钮，完成旋转副的创建。

4．创建滑块副

（1）单击【主页】选项卡【机构】面组上【接头】按钮，打开【运动副】对话框。

图 3-220　【底数】选项卡

图 3-221　啮合连杆

（2）在【类型】下拉列表框中选择【滑块】类型，如图 3-222 所示。单击【选择连杆】选项，在视图区选择手柄连杆 L002。

（3）单击【指定原点】选项，在视图区选择连杆上任一点，如图 3-223 所示。

（4）单击【指定矢量】选项，选择连杆 2 左端的平面，如图 3-224 所示。

（5）单击【运动副】对话框中的【确定】按钮，完成滑动副的创建。

图 3-222　【运动副】对话框

图 3-223　指定原点

图 3-224　指定矢量

3.5.2　创建台虎钳动画

完成连杆和运动副的创建后，对模型进行动画分析，具体的步骤如下。

（1）单击【主页】选项卡【解算方案】面组上的【解算方案】按钮📄，打开【解算方案】对话框，如图 3-225 所示。

（2）在【解算方案选项】选项卡文本框中输入时间为 4，步数为 400，如图 3-226 所示。

图 3-225 【解算方案】对话　　　　　　图 3-226 【解算方案选项】选项卡

（3）单击【解算方案】对话框中的【确定】按钮，完成解算方案。

（4）单击【主页】选项卡【解算方案】面组上【求解】按钮📄，求解出当前解算方案的结果。

（5）单击【结果】选项卡【动画】面组上的【播放】按钮▶，开始台虎钳的动画，如图 3-227 所示。

（6）单击【结果】选项卡【动画】面组上的【完成】按钮🏁，完成当前台虎钳的动画分析。

图 3-227 动画效果（1s、4s）

3.6 练习题

1．NX 12 运动仿真模块运动副的类型，其中不包含驱动的有哪几个？

2．咬合连杆是如何创建的，它需要定义几个连杆？

3．打开 Motion/chapter3/3.6/pump/pump.prt，出现如图 3-228 所示的井水泵模型。完成井水泵运动的创建，一共需要创建 4 个连杆、5 个运动副。运动时手柄做周期性的旋转运动，而活塞做周期线性运动。

图 3-228 井水泵模型

第 4 章
传动副

任何机构的原动力总是经过一定的转变后才能满足需要，例如变速、离合、控制的输出力类型等。典型的传动副机构如传动带、齿轮等，如图 4-1 所示。UG NX 12 的耦合副包含齿轮耦合副、齿轮齿条副、线缆副等。

重点与难点

了解耦合副的相关定义、要点。
创建齿轮耦合副、齿轮齿条副、线缆副。

4.1　创建耦合副

耦合副的作用是改变扭矩的大小、控制的输出力类型等。齿轮耦合副、齿轮齿条副、线缆副和 2-3 联接耦合副是建立在基础运动副之上的运动类型，因此耦合副没有驱动可以加载。组成耦合副的基础运动副分别如下。

- 齿轮耦合副：定义两个运动副之间的相对旋转运动。
- 齿轮齿条副：定义滑动副和旋转副之间的相对运动。
- 线缆副：定义两个滑动副之间的相对运动。
- 2-3 联接耦合副：定义两个或三个旋转副、滑动副和柱面副之间的相对运动。

4.1.1　齿轮耦合副

齿轮耦合副（Gear Coupler）可以模拟齿轮的传动，如图 4-1 所示。创建齿轮时需要选择两个旋转副或圆柱副，并定义齿轮传动比。齿轮副的特点如下。

- 齿轮耦合副不能定义驱动，如果需要运动，可以在其他运动副上定义。
- 齿轮耦合副除去了两个旋转副的一个自由度，其中一个旋转副要跟随另一个旋转副转动，因此需要定义啮合点，以确定它们的传动比。
- 两旋转副的轴心可以不平行，即能创建锥齿轮，如图 4-2 所示。
- 成功创建齿轮耦合副的条件是，两个旋转副或圆柱副全部为固定的或自由的，且不在同轴的情况下。

图 4-1　直齿轮

图 4-2　锥齿轮

4.1.2　创建齿轮耦合副

本实例将讲解齿轮耦合副的创建，其中齿轮模型的连杆和旋转副都已经完成，具体步骤如下。

（1）启动 UG NX 12，打开 Motion /chapter4 /4.1 /Gear /motion_1.sim，出现直齿轮模型，如图 4-3 所示。

（2）单击【主页】选项卡【耦合副】面组上的【齿轮耦合副】按钮，或选择【菜单】→【插入】→【耦合副】→【齿轮耦合副】命令，打开【齿轮耦合副】对话框，如图 4-4 所示。

扫码看视频

（3）在视图区（或运动导航器）选择第一个旋转副。

（4）在视图区（或运动导航器）选择第二个旋转副，如图4-5所示。

图4-3　直齿轮　　　　　图4-4　【齿轮耦合副】对话框　　　　图4-5　选择旋转副

（5）设置齿轮传动比参数（传动比=从动齿轮分度圆直径/主动齿轮分度圆直径），可以在【齿轮半径】文本框中输入齿轮分度圆半径值，或者在第一个运动副【齿轮半径】文本框中输入传动比参数，在第二个运动副【齿轮半径】文本框中输入1，或者选择接触点指定齿轮的啮合点定义传动比参数，本实例传动比参数输入0.2，如图4-6所示。

（6）单击【齿轮耦合副】对话框中的【确定】按钮，完成齿轮的创建，如图4-7所示。

图4-6　设置传动比参数　　　　　　图4-7　完成的齿轮副

4.1.3　创建蜗轮蜗杆运动

扫码看视频

本实例将讲解蜗轮蜗杆的创建。蜗轮蜗杆是齿轮副的特殊类型，和创建普通齿轮副的不同之处在于不能定义接触点，只能输入传动比且蜗轮为主运动。具体的步骤如下。

1. 新建仿真

（1）启动UG NX 12，打开Motion /chapter4 /4.1 /ohv.prt，出现蜗轮蜗杆模型，如图4-8所示。

（2）单击【应用模块】选项卡【仿真】面组上的【运动】按钮，进入运动仿真界面。

（3）在资源导航器中选择【运动导航器】，右击运动仿真 ohv 图标，选择【新建仿真】，如图4-9所示。

图 4-8　蜗轮蜗杆模型

图 4-9　运动导航器

（4）选择【新建仿真】后，软件自动打开【新建仿真】对话框，单击【确定】按钮，打开【环境】对话框，如图 4-10 所示。默认各参数，单击【确定】按钮。

2．创建连杆

（1）单击【主页】选项卡【机构】面组上的【连杆】按钮✎，打开【连杆】对话框，如图 4-11 所示。

（2）在视图区选择蜗杆作为连杆 L001。

（3）单击【连杆】对话框中的【应用】按钮，完成蜗杆连杆的创建。

（4）在视图区选择蜗轮作为连杆 L002，如图 4-12 所示。

（5）单击【连杆】对话框中的【确定】按钮，完成蜗轮连杆的创建。

图 4-10　【环境】对话框

图 4-11　【连杆】对话框

图 4-12　选择连杆

3．创建旋转副 1

（1）单击【主页】选项卡【机构】面组上的【接头】按钮🔧，打开【运动副】对话框。

（2）单击【选择连杆】选项，在视图区选择连杆 L001。

（3）单击【指定原点】按钮，在视图区选择连杆 L001 轴心任意一点，如图 4-13 所示。

（4）单击【指定矢量】按钮，选择 L001 的柱面，如图 4-14 所示。

（5）单击【驱动】标签，打开【驱动】选项卡，如图 4-15 所示。

（6）在【旋转】下拉列表框中选择【多项式】类型，在【速度】文本框中输入 55，如图 4-16 所示。

（7）单击【运动副】对话框中的【确定】按钮，完成第一个旋转副创建，如图 4-17 所示。

图 4-13　指定原点（一）

图 4-14　指定矢量（一）

图 4-15　【运动副】对话框（一）

图 4-16　【旋转】选项卡

图 4-17　齿轮

4．创建旋转副 2

（1）单击【主页】选项卡【机构】面组上的【接头】按钮，打开【运动副】对话框，如图 4-18 所示。

（2）单击【选择连杆】选项，在视图区选择连杆 L002。

（3）单击【指定原点】选项，在视图区选择连杆 L002 轴心任意一点，如图 4-19 所示。

（4）单击【指定矢量】选项，选择系统提示的坐标系 X 轴，如图 4-20 所示。

图 4-18　【运动副】对话框（二）

图 4-19　指定原点（二）

图 4-20　指定矢量（二）

（5）单击【运动副】对话框中的【确定】按钮，完成第二个旋转副创建。

5. 创建齿轮耦合副

（1）单击【主页】选项卡【耦合副】面组上的【齿轮耦合副】按钮，打开【齿轮耦合副】对话框，如图 4-21 所示。

（2）在视图区选择第一个旋转副为第一个运动副、选择第二个旋转副为第二个运动副。

说明	如果旋转副图标不容易选择，可以在创建旋转运动副时设置显示比例，使图标放大。也可以在运动导航器进行选择。

（3）在第一个运动副【齿轮半径】文本框中输入 0.1、第二个运动副【齿轮半径】文本框中输入 1，【显示比例】文本框中输入 2，如图 4-22 所示。

图 4-21　【齿轮耦合副】对话框　　　　图 4-22　设置参数

（4）单击【齿轮耦合副】对话框中的【确定】按钮，完成齿轮耦合副的创建。

6. 动画分析

（1）单击【主页】选项卡【解算方案】面组上的【解算方案】按钮，打开【解算方案】对话框，如图 4-23 所示。

（2）在【解算方案选项】选项卡文本框中输入时间为 5，步数为 500，如图 4-24 所示。

图 4-23　【解算方案】对话框　　　　图 4-24　【解算方案选项】选项卡

（3）单击【解算方案】对话框中的【确定】按钮，完成解算方案。

（4）单击【主页】选项卡【解算方案】面组上的【求解】按钮▤，求解出当前解算方案的结果。

（5）单击【结果】选项卡【动画】面组上的【播放】按钮▶，开始运动，如图 4-25 所示。

（6）单击【结果】选项卡【动画】面组上的【完成】按钮▨，完成动画分析。

图 4-25　动画效果（0.8s、3s）

4.1.4　齿轮齿条副

齿轮齿条副（Rack and pinion）可以模拟齿轮、齿条之间的啮合运动，如图 4-26 所示。创建时需要选择一个旋转副和一个滑动副，并定义齿轮齿条的传动比。

齿轮齿条副的特点如下。

- 齿轮齿条副不能定义驱动，如果需要运动，需要在旋转副或滑动副中定义。
- 齿轮副除去了两个运动副的一个自由度，其中一个运动副要跟随另一个运动副传动，因此需要定义啮合点，以确定它们的传动比。

图 4-26　齿轮齿条副

4.1.5　创建齿轮齿条副

扫码看视频

本实例将讲解齿轮齿条副的创建，其中模型的连杆和运动副都已经完成，具体的步骤如下。

（1）启动 UG NX 12，打开 Motion /chapter4 /4.1 / Rack and pinion /motion_1. sim，出现齿轮齿条模型，如图 4-27 所示。

（2）单击【主页】选项卡【耦合副】面组上的【齿轮齿条副】按钮▧，或选择【菜单】→【插入】→【耦合副】→【齿轮齿条副】命令，打开【齿轮齿条副】对话框，如图 4-28 所示。

图 4-27　齿轮齿条模型

图 4-28　【齿轮齿条副】对话框

（3）在视图区（或导航器）选择第一个滑动副。

（4）在视图区（或导航器）选择第二个旋转副，如图 4-29 所示。

（5）设置齿轮齿条副传动比参数，可以在【比率（销半径）】文本框中输入传动比参数，或者选择接触点指定齿轮的啮合点定义传动比参数，本实例输入 6.5，如图 4-30 所示。

（6）单击【齿轮齿条副】对话框中的【确定】按钮，完成齿轮齿条副的创建，如图 4-31 所示。

图 4-29　选择旋转副

图 4-30　【设置】选项卡

图 4-31　齿轮齿条副

4.1.6　线缆副

线缆副（Cable Joint）可以模拟线缆的运动，例如起重机、线缆等。创建时需要选择两个滑动副，当其中一个滑动副移动时，另外一个滑动副也跟随滑动。传动的比值一般是 1∶1，也可以是一个快、一个慢，甚至是方向相反。线缆副如图 4-32 所示。

线缆副的特点如下。

- 线缆副不能定义驱动，如果需要驱动，可在其中一个滑动副内定义。

图 4-32　线缆副

- 线缆副除去了两个自由度。
- 线缆副比值默认是 1∶1。如果为正值，则两滑动副的方向一致。如果为负值，则两滑动副的方向相反。
- 线缆副的速度和比值有关。如果比值大于 1，则第一个滑动副比第二个滑动副速度快；如果比值小于 1，则第二个滑动副比第一个滑动副速度快。

说明　　　线缆（Cable）从字面上看，线缆副是柔性的连接。例如 A 拉着 B 移动，A 突然停止，B 应该是由于惯性继续前进。在 UG NX 运动仿真模块中，规定所有的连杆都是刚性的，没有柔性的形变发生，因此 B 也突然停止。

4.1.7　滑轮模型

本实例以滑轮模型为例讲解线缆副的创建，滑轮模型需要创建 3 个连杆、1 个旋转副、2 个滑动副、1 个线缆副和 1 个齿轮齿条副，具体的步骤如下。

扫码看视频

1. 新建仿真

（1）启动 UG NX 12，打开 Motion /chapter4 /4.1 / Cable.prt，出现滑轮模型，如图 4-33 所示。

（2）单击【应用模块】选项卡【仿真】面组上的【运动】按钮，进入运动仿真界面。

（3）在资源导航器中选择【运动导航器】，右击运动仿真 Cable 图标，选择【新建仿真】，如图 4-34 所示。

图 4-33　滑轮模型　　　　　　　　　图 4-34　运动导航器

（4）选择【新建仿真】后，软件自动打开【新建仿真】对话框，单击【确定】按钮，打开【环境】对话框，如图 4-35 所示。默认各参数，单击【确定】按钮。

2. 创建连杆

（1）单击【主页】选项卡【机构】面组上的【连杆】按钮 ✎ ，打开【连杆】对话框，如图 4-36 所示。

（2）在视图区选择大砝码作为连杆 L001。

（3）单击【连杆】对话框中的【应用】按钮，完成连杆 L001 的创建。

（4）在视图区选择小砝码作为连杆 L002。

（5）单击【连杆】对话框中的【应用】按钮，完成连杆 L002 的创建。

（6）在视图区选择滑轮作为连杆 L003，如图 4-37 所示。

（7）单击【连杆】对话框中的【确定】按钮，完成连杆 L003 的创建。

图 4-35　【环境】对话框　　　图 4-36　【连杆】对话框　　　图 4-37　创建连杆

3. 创建旋转副

（1）单击【主页】选项卡【机构】面组上的【接头】按钮 ，打开【运动副】对话框，如图 4-38 所示。

（2）单击【选择连杆】选项，在视图区选择连杆 L003。

（3）单击【指定原点】选项，在视图区选择连杆 L003 圆心任意一点，如图 4-39 所示。

（4）单击【指定矢量】选项，选择系统提示的坐标系 X 轴，如图 4-40 所示。

图 4-38　【运动副】对话框（一）　　　图 4-39　指定原点（一）　　　图 4-40　指定矢量（一）

（5）单击【运动副】对话框中的【确定】按钮，完成第一个旋转副创建。

4．创建滑块副

（1）单击【主页】选项卡【机构】面组上的【接头】按钮，打开【运动副】对话框。
（2）在【类型】下拉列表框中选择【滑块】类型，如图 4-41 所示。
（3）单击【选择连杆】选项，在视图区选择连杆 L001。
（4）单击【指定原点】选项，在视图区选择 L001 任意一圆心点为原点，如图 4-42 所示。
（5）单击【指定矢量】选项，选择 L001 上的直线，如图 4-43 所示。
（6）单击【运动副】对话框中的【确定】按钮，完成滑块创建。
（7）按照相同的方法完成 L002 滑块的创建。

图 4-41　【运动副】对话框（二）　　　图 4-42　指定原点（二）　　　图 4-43　指定矢量（二）

5．创建线缆副

（1）单击【主页】选项卡【耦合副】面组上的【线缆副】按钮，或选择【菜单】→【插入】→【耦合副】→【线缆副】命令，打开【线缆副】对话框，如图 4-44 所示。

（2）在视图区选择第一个滑动副 J002。

（3）选择第二个滑块副 J003，如图 4-45 所示。

（4）单击【线缆副】对话框中的【确定】按钮，完成线缆副的创建。

6．创建齿轮齿条副

（1）单击【主页】选项卡【耦合副】面组上的【齿轮齿条副】按钮，或选择【菜单】→【插入】→【耦合副】→【齿轮齿条副】命令，打开【齿轮齿条副】对话框，如图 4-46 所示。

（2）在视图区选择第一个滑块副 J002 或 J003。

图 4-44　【线缆副】对话框　　　　图 4-45　选择滑动副　　　　图 4-46　【齿轮齿条副】对话框

（3）在视图区选择第二个旋转副 J001，如图 4-47 所示。

（4）选择接触点为直线与圆弧交点，如图 4-48 所示。

（5）单击【齿轮齿条副】对话框中的【确定】按钮，完成齿轮齿条副的创建，如图 4-49 所示。

图 4-47　选择运动副　　　　图 4-48　接触点　　　　图 4-49　齿轮齿条副

7. 动画分析

（1）单击【主页】选项卡【解算方案】面组上的【解算方案】按钮，打开【解算方案】对话框，如图 4-50 所示。

（2）在【解算方案选项】选项卡文本框中输入时间为 0.35，步数为 100，如图 4-51 所示。

图 4-50 【解算方案】对话框   图 4-51 【解算方案选项】选项卡

（3）单击【解算方案】对话框中的【确定】按钮，完成解算方案。

（4）单击【主页】选项卡【解算方案】面组上的【求解】按钮，求解出当前解算方案的结果。

（5）单击【结果】选项卡【动画】面组上的【播放】按钮，滑轮随重力开始运动，如图 4-52 所示。

（6）单击【结果】选项卡【动画】面组上的【完成】按钮，完成滑轮模型动画分析。

图 4-52 动画效果（0.15s、0.2s、0.3s）

4.2 实例——二级减速器

本实例以二级减速器为例讲解齿轮的创建，二级减速器一共需要创建 3 个连杆、3 个旋转副和 2 个齿轮副。其中高速齿轮为主运动，需要定义驱动。

扫码看视频

4.2.1 创建连杆和旋转副

二级减速器的装配已经完成，在运动仿真模块需要对 3 个齿轮定义为连杆，以及旋转副，具体的步骤如下。

1. 新建仿真

（1）启动 UG NX 12，打开 Motion /chapter4 /4.2 / jsq.prt，出现二级减速器，如图 4-53 所示。

（2）单击【应用模块】选项卡【仿真】面组上的【运动】按钮，进入运动仿真界面。

（3）在资源导航器中选择【运动导航器】，右击运动仿真 jsq 图标，选择【新建仿真】，如图 4-54 所示。

图 4-53　二级减速器　　　　　　　　图 4-54　运动导航器

（4）选择【新建仿真】后，软件自动打开【新建仿真】对话框，单击【确定】按钮，打开【环境】对话框，如图 4-55 所示。默认各参数，单击【确定】按钮。

2. 创建连杆

（1）单击【主页】选项卡【机构】面组上的【连杆】按钮，打开【连杆】对话框。

（2）在视图区选择高速轴和键作为连杆 L001。

（3）单击【连杆】对话框中的【应用】按钮，完成连杆 L001 的创建。

（4）在视图区选择中间齿轮和轴作为连杆 L002。

（5）单击【连杆】对话框中的【应用】按钮，完成连杆 L002 的创建。

（6）在视图区选择大齿轮和轴作为连杆 L003，如图 4-56 所示。

图 4-55　【环境】对话框　　　　　　　图 4-56　创建连杆

（7）单击【连杆】对话框中的【确定】按钮，完成连杆 L003 的创建。

3.　创建旋转副

（1）单击【主页】选项卡【机构】面组上的【接头】按钮，打开【运动副】对话框，如图 4-57 所示。

（2）单击【选择连杆】选项，在视图区选择连杆 L001。

（3）单击【指定原点】选项，在视图区选择连杆 L001 转轴上的圆心点，如图 4-58 所示。

图 4-57　【运动副】对话框（一）

图 4-58　指定原点

（4）单击【指定矢量】选项，选择高速轴的柱面。

（5）单击【驱动】标签，打开【驱动】选项卡，如图 4-59 所示。

（6）在【旋转】下拉列表框中选择【多项式】类型，在速度文本框中输入 720，如图 4-60 所示。

（7）单击【运动副】对话框中的【确定】按钮，完成旋转副创建。

图 4-59　【运动副】对话框（二）

图 4-60　【旋转】选项卡

（8）按照相同的方法，完成后面两级齿轮旋转副的创建。

说明

　　设置驱动时，特别要注意实际与仿真模拟的区别，不要输入过大的数值。例如电动机在实际中每分钟可能达到 1800 转，但在软件中以实际值解算则运算量巨大，会造成解算时间过长甚至死机等情况。最好把数值设置在人眼能观察清楚的范围内。

4.2.2 创建齿轮耦合副与动画

完成连杆和基本的运动副后,需要创建二级的齿轮,一共有两个,具体的步骤如下。

1. 创建齿轮耦合副 1

(1) 单击【主页】选项卡【耦合副】面组上的【齿轮耦合副】按钮 🐾,打开【齿轮耦合副】对话框,如图 4-61 所示。

(2) 在视图区选择第一个旋转副 J001、第二个旋转副 J002,如图 4-62 所示。

(3) 将传动比设置为 0.24,在【第一个运动副】的【齿轮半径】文本框中输入 0.24,在【第二个运动副】的【齿轮半径】文本框中输入 1,如图 4-63 所示。

图 4-61　【齿轮耦合副】对话框　　　图 4-62　选择旋转副　　　图 4-63　设置传动比

(4) 单击【齿轮耦合副】对话框中的【应用】按钮,完成第一级齿轮耦合副的创建。

2. 创建齿轮耦合副 2

(1) 单击【主页】选项卡【耦合副】面组上的【齿轮耦合副】按钮 🐾,打开【齿轮耦合副】对话框。

(2) 在视图区选择第一个旋转副 J002、第二个旋转副 J003,如图 4-64 所示。

(3) 将传动比设置为 0.3,在【第一个运动副】的【齿轮半径】文本框中输入 0.3,在【第二个运动副】的【齿轮半径】文本框中输入 1,如图 4-65 所示。

(4) 单击【齿轮耦合副】对话框中的【确定】按钮,完成第二级齿轮耦合副的创建。

3. 动画分析

(1) 单击【主页】选项卡【解算方案】面组上的【解算方案】按钮 🗂,打开【解算方案】对话框,如图 4-66 所示。

(2) 在【解算方案选项】选项卡文本框中输入时间为 5,步数为 500,如图 4-67 所示。

(3) 单击【解算方案】对话框中的【确定】按钮,完成解算方案的创建。

图 4-64　选择运动副

图 4-65　设置传动比

图 4-66　【解算方案】对话框

图 4-67　【解算方案选项】选项卡

（4）单击【主页】选项卡【解算方案】面组上的【求解】按钮，求解出当前解算方案的结果。

（5）单击【结果】选项卡【动画】面组上的【播放】按钮，开始运动。

（6）单击【结果】选项卡【动画】面组上的【完成】按钮，完成二级减速器的解算。

4.3　实例——汽车转向机构

本实例以玩具汽车转向机构为例，进行转向的模拟，验证转向机构转向的最大角度能否达到 20°。转向机构需要创建 4 个连杆、3 个旋转副、1 个滑动副和 1 个齿轮齿条副，其中转向齿轮需要驱动。

扫码看视频

4.3.1　创建连杆

玩具汽车的装配已完成，一共有 10 个部件。其中本例只模拟转向机构，因此只需要创建 4 个连杆，具体的步骤如下。

1. 新建仿真

（1）启动 UG NX 12，打开 Motion /chapter4 /4.3 / Car.prt，出现汽车模型，如图 4-68 所示。

（2）单击【应用模块】选项卡【仿真】面组上的【运动】按钮，进入运动仿真界面。

（3）在资源导航器中选择【运动导航器】，右击运动仿真 car 图标，选择【新建仿真】，如图 4-69 所示。

图 4-68　汽车模型

图 4-69　运动导航器

（4）选择【新建仿真】后，软件自动打开【新建仿真】对话框，单击【确定】按钮，打开【环境】对话框，如图 4-70 所示。默认各参数，单击【确定】按钮。

2．创建连杆

（1）单击【主页】选项卡【机构】面组上的【连杆】按钮，打开【连杆】对话框。

（2）在视图区选择前排的左轮作为连杆 L001，如图 4-71 所示。

图 4-70　【环境】对话框

图 4-71　创建连杆 L001

（3）单击【连杆】对话框中的【应用】按钮，完成连杆 L001 的创建。

（4）在视图区选择前排的右轮作为连杆 L002，如图 4-72 所示。

（5）单击【连杆】对话框中的【应用】按钮，完成连杆 L002 的创建。

（6）在视图区选择齿条作为连杆 L003，如图 4-73 所示。

（7）单击【连杆】对话框中的【应用】按钮，完成连杆 L003 的创建。

（8）在视图区选择齿轮作为连杆 L004，如图 4-74 所示。

图 4-72　创建连杆 L002

图 4-73　创建连杆 L003

图 4-74　创建连杆 L004

（9）单击【连杆】对话框中的【确定】按钮，完成连杆 L004 的创建。

4.3.2 创建运动副

转向机构一共需要创建 5 个运动副，其中每个车轮上的支架需要定义两个旋转副，并分别啮合齿条，具体的步骤如下。

1. 创建旋转副 1

（1）单击【主页】选项卡【机构】面组上的【接头】按钮，打开【运动副】对话框，如图 4-75 所示。

（2）单击【选择连杆】选项，在视图区选择连杆 L001。

（3）单击【指定原点】选项，在视图区选择连杆 L001 转轴上的圆心点，如图 4-76 所示。

图 4-75 【运动副】对话框　　　　　图 4-76 指定原点（一）

（4）单击【指定矢量】按钮，选择系统提示的坐标系 Z 轴。

（5）单击【运动副】对话框中的【应用】按钮，完成前排左轮旋转副的创建。

（6）按照相同的方法，完成前排右轮旋转副的创建。

2. 创建旋转副 2

（1）单击【主页】选项卡【机构】面组上的【接头】按钮，打开【运动副】对话框。

（2）单击【选择连杆】选项，在视图区选择连杆 L001。

（3）单击【指定原点】选项，在视图区选择连杆 L001 转轴上的圆心点，如图 4-77 所示。

（4）单击【指定矢量】选项，选择系统提示的坐标系 Z 轴，如图 4-78 所示。

图 4-77 指定原点（二）　　　　　图 4-78 指定矢量

（5）单击【底数】标签，打开【底数】选项卡，如图 4-79 所示。

（6）单击【选择连杆】选项，在视图区选择连杆 L003，如图 4-80 所示。

图 4-79 【底数】选项卡

图 4-80 啮合连杆

（7）单击【运动副】对话框中的【确定】按钮，完成旋转副创建。

（8）按照相同的方法，完成前排右轮转轴旋转副的创建。

3．创建滑块副

（1）单击【主页】选项卡【机构】面组上的【接头】按钮，打开【运动副】对话框。

（2）单击【选择连杆】选项，在视图区选择齿条连杆 L003。

（3）在【类型】下拉列表框中选择【滑块】类型，如图 4-81 所示。

（4）单击【指定原点】选项，在视图区选择 L003 的中点作为原点，如图 4-82 所示。

图 4-81 【运动副】对话框

图 4-82 指定原点

（5）单击【指定矢量】选项，选择系统提示的 Y 轴，如图 4-83 所示。

（6）单击【运动副】对话框中的【确定】按钮，完成滑块副创建。

4．创建旋转副 3

（1）单击【主页】选项卡【机构】面组上的【接头】按钮，打开【运动副】对话框。

（2）在视图区选择齿条连杆 L004。

（3）在【类型】下拉列表框中选择【旋转副】类型，如图 4-84 所示。

（4）单击【指定原点】选项，在视图区选择 L004 任意一圆心点作为原点，如图 4-85 所示。

图 4-83　指定矢量（一）　　　　图 4-84　【运动副】对话框（一）　　　　图 4-85　指定原点

（5）单击【指定矢量】选项，选择 L004 的端面，如图 4-86 所示。

（6）单击【驱动】标签，弹出【驱动】选项卡。

（7）在【旋转】下拉列表框中选择【铰接运动】类型，如图 4-87 所示。

（8）单击【运动副】对话框中的【确定】按钮，完成旋转副创建。

说明　　　本节之所以使用铰链运动驱动，而不是常规驱动，是因为在铰链运动驱动中运动的时间没有限制，方便观看和设置角度的变化。

图 4-86　指定矢量（二）　　　　图 4-87　【运动副】对话框（二）

4.3.3　创建齿轮齿条副

完成连杆和运动副的创建后，定义齿轮齿条副，具体的步骤如下。

（1）单击【主页】选项卡【耦合副】面组上的【齿轮齿条副】按钮，打开【齿轮齿条副】对话框，如图 4-88 所示。

（2）在导航器中选择第一个滑动副 J005。

（3）在导航器中选择第二个旋转副 J006，如图 4-89 所示。

（4）在比率（销半径）文本框中输入 6.5，如图 4-90 所示。

（5）单击【齿轮齿条副】对话框中的【确定】按钮，完成齿轮齿条副的创建。

图 4-88　【齿轮齿条副】对话框

图 4-89　运动导航器

图 4-90　【设置】选项卡

4.3.4　运动分析

定义所有的运动副，接下来定义干涉以验证车轮旋转的最大角度，具体的步骤如下。

1．干涉检查

（1）单击【分析】选项卡【运动】面组上【干涉】按钮，打开【干涉】对话框，如图 4-91 所示。

（2）在绘图区中选择车身为第一组对象。

（3）单击第二组【选择对象】按钮，选择前排两车轮，如图 4-92 所示。

（4）在【设置】选项卡中勾选【事件发生时停止】复选框和【激活】复选框，如图 4-93 所示。

（5）单击【干涉】对话框中的【确定】按钮，完成干涉的创建。

图 4-91　【干涉】对话框

图 4-92　选择对象

图 4-93　【设置】选项卡

2. 解算方案

（1）单击【主页】选项卡【解算方案】面组上的【解算方案】按钮 ，打开【解算方案】对话框。

（2）在【解算类型】下拉列表框中选择【铰接运动驱动】类型，如图 4-94 所示。

（3）单击【解算方案】对话框中的【确定】按钮，完成解算方案。

3. 求解结果

（1）单击【主页】选项卡【解算方案】面组上的【求解】按钮 ，求解出当前解算方案的结果，软件自动打开【铰接运动】对话框，如图 4-95 所示。

（2）勾选【J006】复选框，以 J006 作为关节。

（3）在【步长】文本框中输入 5，在【步数】文本框中输入 20。

说明　J006 作为关节，步长为旋转角度，步数为 20，则每次播放时齿轮要旋转 100°。

（4）在【封装选项】选项卡中勾选【事件发生时停止】复选框和【干涉】复选框，如图 4-96 所示。

（5）单击【单步向前】按钮 ，开始动画分析。

图 4-94　【解算方案】对话框

图 4-95　【铰接运动】对话框（一）

图 4-96　【铰接运动】对话框（二）

（6）当齿轮旋转到 47.76°时，发生干涉，并打开【动画事件】提示对话框，如图 4-97 所示。通过观察和测量，发现车身与转轴发生干涉。此时最大的车轮转动角度为 14.77°，如图 4-98 所示，不满足设计要求。

图 4-97　【动画事件】提示对话框

图 4-98　动画效果

（7）单击【铰链运动】对话框中的【关闭】按钮，退出【铰链运动】对话框。

4.4 实例——汽车刮水器

扫码看视频

本实例以汽车刮水器运动机构为例，讲解齿轮齿条副和线缆副的综合使用。汽车刮水器运动机构需要创建 6 个连杆、5 个旋转副、2 个滑动副、1 个线缆副和 2 个齿轮齿条副，其中蜗杆为主运动。

4.4.1 创建连杆

汽车刮水器的装配已经完成，需要创建运动所需的 6 个连杆，具体的步骤如下。

1．新建仿真

（1）启动 UG NX 12，打开 Motion /chapter4 /4.4 / gyq.prt，出现汽车模型，如图 4-99 所示。

（2）单击【应用模块】选项卡【仿真】面组上的【运动】按钮，进入运动仿真界面。

（3）在资源导航器中选择【运动导航器】，右击运动仿真 gyq 图标，选择【新建仿真】，如图 4-100 所示。

图 4-99　汽车刮水器

图 4-100　运动导航器

（4）选择【新建仿真】后，软件自动打开【新建仿真】对话框，单击【确定】按钮，打开【环境】对话框，如图 4-101 所示。默认各参数，单击【确定】按钮。

2．创建 6 个连杆

（1）单击【主页】选项卡【机构】面组上的【连杆】按钮，打开【连杆】对话框。

（2）在视图区选择蜗杆作为连杆 L001，如图 4-102 所示。

图 4-101　【环境】对话框

图 4-102　创建连杆

（3）单击【连杆】对话框中的【应用】按钮，完成连杆 L001 的创建。

（4）在视图区选择蜗轮作为连杆 L002。

（5）单击【连杆】对话框中的【应用】按钮，完成连杆 L002 的创建。

（6）在视图区选择齿条作为连杆 L003。

（7）单击【连杆】对话框中的【应用】按钮，完成连杆 L003 的创建。

（8）在视图区选择齿条作为连杆 L004。

（9）单击【连杆】对话框中的【应用】按钮，完成连杆 L004 的创建。

（10）在视图区选择齿条作为连杆 L005，如图 4-103 所示。

图 4-103 创建连杆

（11）单击【连杆】对话框中的【应用】按钮，完成连杆 L005 的创建。

（12）在视图区选择齿轮和雨刷作为连杆 L006。

（13）单击【连杆】对话框中的【确定】按钮，完成连杆 L006 的创建。

4.4.2 创建运动副

完成连杆创建以后，接下来就要完成基本的运动副创建，如图 4-104 所示。模型上的运动副中是旋转副的有 J001、J002、J003、J004 和 J007，其中 J003 要啮合 L002、J004 要啮合 L004。J005 和 J006 是滑动副。具体的步骤如下。

图 4-104 创建运动副

1. 创建旋转副 1

（1）单击【主页】选项卡【机构】面组上的【接头】按钮，打开【运动副】对话框，如图 4-105 所示。

（2）单击【选择连杆】选项，在视图区选择连杆 L001。

（3）单击【指定原点】选项，在视图区选择连杆 L001 圆的圆心点，如图 4-106 所示。

（4）单击【指定矢量】选项，选择蜗杆的柱面，使方向指向轴心。

（5）单击【驱动】标签，打开【驱动】选项卡。

（6）在【旋转】下拉列表框中选择【多项式】类型，在速度文本框中输入 1080，如图 4-107 所示。

（7）单击【运动副】对话框中的【确定】按钮，完成蜗杆旋转副创建。

图 4-105　【运动副】对话框　　　图 4-106　指定原点（一）　　　图 4-107　【旋转】选项卡

2. 创建旋转副 2

（1）单击【主页】选项卡【机构】面组上的【接头】按钮，打开【运动副】对话框。

（2）单击【选择连杆】选项，在视图区选择连杆 L002。

（3）单击【指定原点】选项，在视图区选择连杆 L002 蜗轮上的圆心点，如图 4-108 所示。

（4）单击【指定矢量】选项，选择如图 4-109 所示的面。

（5）单击【运动副】对话框中的【确定】按钮，完成蜗轮旋转副的创建。

3. 创建旋转副 3

（1）单击【主页】选项卡【机构】面组上的【接头】按钮，打开【运动副】对话框。

（2）单击【选择连杆】选项，在视图区选择连杆 L003。

（3）单击【指定原点】选项，在视图区选择连杆 L003 转轴上的圆心点，如图 4-110 所示。

图 4-108　指定原点（二）　　　图 4-109　指定矢量　　　图 4-110　指定原点（三）

（4）单击【指定矢量】选项，选择连杆 L003 上表面。

（5）在【底数】选项卡中勾选【啮合连杆】复选框，激活【底数】选项卡，如图 4-111 所示。

（6）单击【选择连杆】选项，在视图区选择连杆 L002，如图 4-112 所示。

（7）单击【指定原点】选项，在视图区选择连杆 L003 的左端圆心点，使它和第一个连杆 L003 的原点重合，如图 4-113 所示。

（8）单击【指定矢量】选项，选择 L003 上表面，使它和连杆 L003 矢量相同。

（9）单击【运动副】对话框中的【应用】按钮，完成啮合连杆的创建。

底数

☑ 啮合连杆

✳ 选择连杆 (0)

✳ 指定原点

方位类型　　　　　　　矢量

✳ 指定矢量

图 4-111　【底数】选项卡　　　　图 4-112　啮合连杆　　　　图 4-113　指定原点、矢量

（10）按照相同的步骤完成连杆 L003 右边旋转副的创建，其中 L003 需要啮合连杆 L004，如图 4-114 所示。

4．创建滑块副

（1）单击【主页】选项卡【机构】面组上的【接头】按钮，打开【运动副】对话框。

（2）单击【选择连杆】选项，在视图区选择齿条连杆 L004。

（3）在【类型】下拉列表框中选择【滑块】类型，如图 4-115 所示。

（4）单击【指定原点】选项，在视图区选择 L004 中点作为原点，如图 4-116 所示。

图 4-114　运动副 L004　　　　图 4-115　【滑动副】对话框　　　　图 4-116　指定原点

（5）单击【指定矢量】选项，选择 L004 上的边缘，如图 4-117 所示。

（6）单击【运动副】对话框中的【确定】按钮，完成滑块副的创建。

（7）按照相同的步骤完成连杆 L005 滑块副的创建，如图 4-118 所示。

图 4-117　指定矢量　　　　　　　图 4-118　滑动副 L005

5．创建旋转副 4

（1）单击【主页】选项卡【机构】面组上的【接头】按钮，打开【运动副】对话框。

（2）在【类型】下拉列表框中选择【旋转副】类型。

（3）单击【选择连杆】选项，在视图区选择连杆 L006。

（4）单击【指定原点】选项，在视图区选择连杆 L006 圆的圆心点，如图 4-119 所示。

（5）单击【指定矢量】选项，选择轴杆的柱面，使方向指向轴心。

图 4-119　指定原点、矢量

（6）单击【运动副】对话框中的【确定】按钮，完成旋转副的创建。

4.4.3　创建传动副

完成基本运动副以后，接下来就要完成高级的运动副，如图 4-120 所示。其中 J008 为齿轮要选择 J001、J002；J009 为线缆副要选择 J005 和 J006；J010 为齿轮齿条副要选择 J006 和 J007。具体的步骤如下。

1．创建齿轮耦合副

（1）单击【主页】选项卡【耦合副】面组上的【齿轮耦合副】按钮，打开【齿轮耦合副】对话框，如图 4-121 所示。

图 4-120　创建运动副

（2）在视图区选择第一个旋转副、第二个旋转副，如图 4-122 所示。

（3）传动比设置为 0.1，在【第一个运动副】的【齿轮半径】文本框中输入 0.1，在【第二个运动副】的【齿轮半径】文本框中输入 1，【显示比例】文本框中输入 2，如图 4-123 所示。

（4）单击【齿轮耦合副】对话框中的【确定】按钮，完成齿轮耦合副的创建。

图 4-121　【齿轮耦合副】对话框

图 4-122　选择运动副

图 4-123　参数设置

2．创建线缆副

（1）单击【主页】选项卡【耦合副】面组上的【线缆副】按钮，打开【线缆副】对话框，如图 4-124 所示。

（2）在视图区选择第一个滑动副 J005。

（3）选择第二个滑动副 J006，如图 4-125 所示。

（4）单击【线缆副】对话框中的【确定】按钮，完成线缆副的创建。

3．创建齿轮齿条副

（1）单击【主页】选项卡【耦合副】面组上的【齿轮齿条副】按钮，打开【齿轮齿条副】对话框，如图 4-126 所示。

图 4-124　【线缆副】对话框　　图 4-125　选择滑动副　　图 4-126　【齿轮齿条副】对话框

（2）在视图区选择滑块副 J006 为第一个运动副。

（3）在视图区选择旋转副 J007 为第二个运动副，如图 4-127 所示。

（4）在【比率（销半径）】文本框中输入 0.48，如图 4-128 所示。

（5）单击【齿轮齿条副】对话框中的【确定】按钮，完成齿轮齿条副的创建。

4．动画分析

（1）单击【主页】选项卡【解算方案】面组上的【解算方案】按钮，打开【解算方案】对话框。

（2）在【解算方案选项】选项卡文本框中输入时间为 5，步数为 500，如图 4-129 所示。

图 4-127　选择旋转副　　图 4-128　【设置】选项卡　　图 4-129　【解算方案】对话框

（3）单击【解算方案】对话框中的【确定】按钮，完成解算方案。

（4）单击【主页】选项卡【解算方案】面组上的【求解】按钮▥，求解出当前解算方案的结果。

（5）单击【结果】选项卡【动画】面组上的【播放】按钮▶，刮水器开始运动，如图 4-130 所示。

（6）单击【结果】选项卡【动画】面组上的【完成】按钮🏁，完成刮水器运动的动画分析。

图 4-130　动画效果（0.5s、1.5s、2.3s）

4.5　练习题

1．齿轮副创建需要哪些运动副？创建蜗轮蜗杆和创建普通齿轮副有什么不同之处？

2．简述线缆创建需要哪些运动副，以及它的特性。

3．完成发动机活塞运动仿真，如图 4-131 所示。一共要创建 5 个连杆、4 个运动副。其中以曲轴作为驱动，速度为 1080r/s。

图 4-131　发动机模型

4．完成门锁开关过程仿真，如图 4-132 所示。一共要创建 5 个连杆、4 个运动副。其中以曲轴作为驱动，速度为 1080r/s。

图 4-132　门锁模型

第 5 章
约束

约束命令可以指定两对象的连接关系，它包含点在线上副、线在线上副、点在面上副 3 种类型。它们在玻璃切割机、仿形运动上可以看到。

重点与难点

掌握约束命令的使用要点。
使用点在线上副、线在线上副、点在面上副。
独立完成约束命令的实例。

5.1 创建约束

在本节将讲解点在线上副、线在线上副、点在面上副的相关定义和注意事项。它们不同于齿轮或线缆，不需要在原运动副基础上创建，甚至可以直接选择非连杆对象。

5.1.1 点在线上副

点在线上副（point-on-curve）运动类型可以保持两个对象之间的点与线接触，如图 5-1 所示。例如缆车沿钢丝上升或下降。两个对象可以都是连杆，或一个是连杆另一个不是连杆。点在线上副特点如下。

- 点在线上副不能定义驱动。
- 点在线上副去掉了对象的两个自由度，物体可以沿曲线移动或旋转。
- 点在线上副运动必须接触，不可以脱离。

图 5-1　点在线上副

点在线上副类型可以将不在线上的点装配在一起运动。根据对象是否为连杆一共有 3 种类型，如图 5-2 所示，具体含义如下。

固定点：点自由移动，线固定。

固定线：线自由移动，点固定。

无约束：点自由移动，自由移动。

图 5-2　点在线上副类型

5.1.2 创建点在线上副

本实例将讲解点在线上副的创建，并模拟球体因重力沿轨道滑动，具体的步骤如下。

1. 新建仿真

（1）启动 UG NX 12，打开 Motion /chapter5 /5.1 / point-on-curve.prt，出现点在线上副模型，如图 5-3 所示。

（2）单击【应用模块】选项卡【仿真】面组上的【运动】按钮，进入运动仿真界面。

（3）在资源导航器中选择【运动导航器】，右击运动仿真 ponit on curve 图标，选择【新建仿真】，如图 5-4 所示。

（4）选择【新建仿真】后，软件自动打开【新建仿真】对话框，单击【确定】按钮，打开【环境】对话框，如图 5-5 所示。默认各参数，单击【确定】按钮。

图 5-3　点在线上副模型

图 5-4　运动导航器

图 5-5　【环境】对话框

2. 创建连杆

（1）单击【主页】选项卡【机构】面组上的【连杆】按钮✎，打开【连杆】对话框，如图 5-6 所示。

（2）在视图区选择球体作为连杆，如图 5-7 所示。

（3）单击【连杆】对话框中的【确定】按钮，完成连杆 L001 的创建。

3. 创建点在线上副

（1）单击【主页】选项卡【约束】面组上的【点在线上副】按钮🖈，或选择【菜单】→【插入】→【约束】→【点在线上副】命令，打开【点在线上副】对话框，如图 5-8 所示。

图 5-6　【连杆】对话框

图 5-7　选择连杆

图 5-8　【点在线上副】对话框

（2）单击【选择连杆】选项，在视图区选择连杆 L001。

（3）单击【点对话框】按钮⊥，打开【点】对话框，如图 5-9 所示。

📖	
说明	选择点的时候，软件会自动捕捉到点上的连杆，而不需要选择连杆。如果没有捕捉到对应的连杆，应该把对应的点加入该连杆。

（4）使用球心点功能，在视图区选择球体，捕捉到圆心，如图 5-10 所示。

（5）单击【点】对话框中的【确定】按钮，完成指定点。

（6）单击【曲线】按钮 ∫，在视图区选择曲线。

说明　如果有多条曲线，需要一一选择曲线，各曲线之间必须是相切连接的。

图 5-9　【点】对话框

图 5-10　选择点、曲线

（7）单击【点在线上副】对话框中的【确定】按钮，完成 J001 的创建。

4．动画分析

（1）单击【主页】选项卡【解算方案】面组上的【解算方案】按钮，打开【解算方案】对话框，如图 5-11 所示。

（2）在【解算方案选项】选项卡文本框中输入时间为 0.35，步数为 100，如图 5-12 所示。

（3）单击【解算方案】对话框中的【确定】按钮，完成解算方案。

图 5-11　【解算方案】对话框

图 5-12　【解算方案选项】选项卡

（4）单击【主页】选项卡【解算方案】面组上的【求解】按钮，求解出当前解算方案的结果。

（5）单击【结果】选项卡【动画】面组上的【播放】按钮▶，球体随重力开始运动，如图 5-13 所示。

图 5-13　动画效果（0.15s、0.25s、0.34s）

（6）单击【结果】选项卡【动画】面组上的【完成】按钮🏁，完成模拟球体随重力沿轨道滑动的动画。

5.1.3　线在线上副

线在线上副（curve on curve Joint）可以保持两个对象之间的曲线相接触，如图 5-14 所示，例如凸轮运动。线在线上副和点在线上副不同之处在于：点在线上的接触点必须在同一平面上，而线在线上副的曲线可以不在同一平面。线在线上副特点如下。

- 线在线上副不能定义驱动。
- 线在线上副上去掉了对象的两个自由度，物体可以沿曲线移动或旋转。
- 线在线上副不能定义方向，两对象之间的公切线是运动副的 X 轴。
- 线在线上副运动必须接触，线与线之间的运动时始终为相切关系。所有的曲线也是相切连续，如果运动中的接触不是点，则会解算失败。

图 5-14　线在线上副

5.1.4　创建线在线上副

本实例将讲解线在线上副创建，并模拟凸轮带动推杆线性运动，具体的步骤如下。

1. 新建仿真

（1）启动 UG NX 12，打开 Motion /chapter5 /5.1 / curve on curve.prt，出现线在线上副模型，如图 5-15 所示。

（2）单击【应用模块】选项卡【仿真】面组上的【运动】按钮，进入运动仿真界面。

（3）在资源导航器中选择【运动导航器】，右击运动仿真 curve on curve 图标，选择【新建仿真】，如图 5-16 所示。

扫码看视频

图 5-15　线在线上副模型

图 5-16　新建仿真

（4）选择【新建仿真】后，软件自动打开【新建仿真】对话框，单击【确定】按钮，打开【环境】对话框，如图 5-17 所示。默认各参数，单击【确定】按钮。

2. 创建连杆

（1）单击【主页】选项卡【机构】面组上的【连杆】按钮，打开【连杆】对话框。
（2）在视图区选择推杆和圆弧为连杆，如图 5-18 所示。
（3）单击【连杆】对话框中的【应用】按钮，完成连杆 L001 的创建。
（4）在视图区选择凸轮和轮廓线作为连杆。
（5）单击【连杆】对话框中的【确定】按钮，完成连杆 L002 的创建。

图 5-17　【环境】对话框

图 5-18　创建连杆

3. 创建运动副

单击【主页】选项卡【机构】面组上的【接头】按钮，创建连杆 L001 为滑块副、连杆 L002 为旋转副，并设置旋转速度为 100。

4. 创建线在线上副

（1）单击【主页】选项卡【约束】面组上的【线在线上副】按钮，或选择【菜单】→【插入】→【约束】→【线在线上副】命令，打开【线在线上副】对话框，如图 5-19 所示。
（2）选择第一条曲线，如图 5-20 所示。
（3）单击第二曲线集【曲线】按钮，选择第二条曲线，其中选择的对象也包含边缘。

图 5-19 【线在线上副】对话框

图 5-20 选择曲线

（4）单击【线在线上副】对话框中的【确定】按钮，完成线在线上副的创建。

5．动画分析

（1）单击【主页】选项卡【解算方案】面组上的【解算方案】按钮，打开【解算方案】对话框，如图 5-21 所示。

（2）在【解算方案选项】选项卡文本框中输入时间为 5，步数为 500，如图 5-22 所示。

（3）单击【解算方案】对话框中的【确定】按钮，完成解算方案。

图 5-21 【解算方案】对话框

图 5-22 【解算方案选项】选项卡

（4）单击【主页】选项卡【解算方案】面组上的【求解】按钮，求解出当前解算方案的结果。

（5）单击【结果】选项卡【动画】面组上的【播放】按钮，开始运动仿真，如图 5-23 所示。

（6）单击【结果】选项卡【动画】面组上的【完成】按钮，完成凸轮带动推杆线性运动的动画。

图 5-23 动画效果（1s、3s）

5.1.5 点在面上副

点在面上副（Point on Surface）可以保持两个对象之间的点和曲面相接触，如图 5-24 所示。两对象可以都是连杆或任意一个为连杆。点在曲面上副的特点如下。

- 点在面上副不能定义驱动。
- 点在面上副去掉了对象的 3 个自由度，物体可以沿曲面移动或旋转。
- 点在面上副运动必须接触，点与曲面之间的运动时始终保持相切。
- 点在面上副解算需要的时间要比其他类型慢很多。

图 5-24 点在面上副

5.1.6 创建点在面上副

本实例将讲解点在面上副命令的创建，并完成汽车刮雨器的运动仿真，具体的步骤如下。

1. 新建仿真

（1）启动 UG NX 12，打开 Motion /chapter5 /5.1 / gyq.prt，出现汽车刮雨器模型，如图 5-25 所示。

扫码看视频

图 5-25 汽车刮雨器模型

（2）单击【应用模块】选项卡【仿真】面组上的【运动】按钮，进入运动仿真界面。

（3）在资源导航器中选择【运动导航器】，右击运动仿真 gyq 图标，选择【新建仿真】，如图 5-26 所示。

（4）选择【新建仿真】后，软件自动打开【新建仿真】对话框，单击【确定】按钮，打开【环境】对话框，如图 5-27 所示。默认各参数，单击【确定】按钮。

图 5-26 运动导航器

图 5-27 【环境】对话框

2. 创建连杆

（1）单击【主页】选项卡【机构】面组上的【连杆】按钮，打开【连杆】对话框。

（2）在视图区选择支架为连杆，如图 5-28 所示。

（3）单击【连杆】对话框中的【应用】按钮，完成连杆 L001 的创建。

（4）在视图区选择刮雨器支架外所有实体为连杆。

（5）单击【连杆】对话框中的【确定】按钮，完成连杆 L002 的创建。

图 5-28　创建连杆

3.　创建旋转副 1

（1）单击【主页】选项卡【机构】面组上的【接头】按钮，打开【运动副】对话框，如图 5-29 所示。

（2）单击【选择连杆】选项，在视图区选择连杆 L001。

（3）单击【指定原点】选项，在视图区选择连杆 L001 转轴的圆心点，如图 5-30 所示。

（4）单击【指定矢量】选项，选择支架的端面，使方向指向轴心，如图 5-31 所示。

图 5-29　【运动副】对话框　　　　图 5-30　指定原点　　　　图 5-31　指定矢量

（5）单击【驱动】标签，打开【驱动】选项卡。

（6）在【旋转】下拉列表框中选择【谐波】类型。

（7）在【幅值】文本框中输入 35、【频率】文本框中输入 30、【位移】文本框中输入 35，如图 5-32 所示。

> 说明　简谐函数驱动相关含义请查询第 10 章 10.1 节运动函数。

（8）单击【运动副】对话框中的【确定】按钮，完成旋转副创建。

4.　创建旋转副 2

（1）单击【主页】选项卡【机构】面组上的【接头】按钮，打开【运动副】对话框。

（2）单击【选择连杆】选项，在视图区选择连杆 L002。

（3）单击【指定原点】选项，在视图区选择连杆 L001 销上的圆心点，如图 5-33 所示。

（4）单击【指定矢量】选项，选择连杆 L001 销的端面，如图 5-34 所示。

图 5-32 【运动副】对话框

图 5-33 指定原点

图 5-34 指定矢量

（5）单击【底数】标签，打开【底数】选项卡。

（6）单击【选择连杆】选项，在视图区选择连杆 L001，如图 5-35 所示。

（7）单击【运动副】对话框中的【确定】按钮，完成旋转副创建。

5. 创建点在面上副

（1）单击【主页】选项卡【约束】面组上的【点在面上副】按钮 ，或选择【菜单】→【插入】→【约束】→【点在面上副】命令，打开【曲面上的点】对话框，如图 5-36 所示。

（2）单击【选择连杆】选项，在视图区中选择连杆 L002。

（3）单击【点】选项，在视图区选择已存在点，如图 5-37 所示。

图 5-35 啮合连杆

图 5-36 【曲面上的点】对话框

图 5-37 选择点、面

（4）单击【选择面】选项，在视图区选择曲面。

说明　　如果点不在曲面上，在仿真时软件自动装配到面上。

（5）单击【曲面上的点】对话框中的【确定】按钮，完成点在曲面上副的创建。

6. 动画分析

（1）单击【主页】选项卡【解算方案】面组上的【解算方案】按钮，打开【解算方案】对话框，如图 5-38 所示。

（2）在【解算方案选项】选项卡文本框中输入时间为 10，步数为 500，如图 5-39 所示。

（3）单击【解算方案】对话框中的【确定】按钮，完成解算方案。

图 5-38　【解算方案】对话框

图 5-39　【解算方案选项】选项卡

（4）单击【主页】选项卡【解算方案】面组上的【求解】按钮，求解出当前解算方案的结果。

（5）单击【结果】选项卡【动画】面组上的【播放】按钮，开始运动仿真，如图 5-40 所示。

（6）单击【结果】选项卡【动画】面组上的【完成】按钮，完成汽车刮雨器的动画。

图 5-40　动画效果（1s、1.8s、4.9s）

5.2　实例——玻璃切割机模型

本实例将讲解玻璃切割机模型在弧形玻璃上走一个正弦线的过程。它是一个典型的三坐标运动机构。切割头能够在 X、Y、Z 方向上任意移动，但是不能旋转。

扫码看视频

5.2.1　创建连杆和运动副

玻璃切割机模型需要创建 3 个连杆、3 个滑动副（后两个需要啮合连杆）、1 个点在线上副约束。在运动仿真中 X 轴为主运动，需要驱动，速度为 3。具体的步骤如下。

1. 新建仿真

（1）启动 UG NX 12，打开 Motion /chapter5 /5.2 /blqgj.prt，出现玻璃切割机模型，如图 5-41 所示。

（2）单击【应用模块】选项卡【仿真】面组上的【运动】按钮，进入运动仿真界面。

（3）在资源导航器中选择【运动导航器】，右击运动仿真 blqgj 图标，选择【新建仿真】，如图 5-42 所示。

图 5-41　玻璃切割机模型

图 5-42　运动导航器

（4）选择【新建仿真】后，软件自动打开【新建仿真】对话框，单击【确定】按钮，打开【环境】对话框，如图 5-43 所示。默认各参数，单击【确定】按钮。

2. 创建连杆

（1）单击【主页】选项卡【机构】面组上的【连杆】按钮，打开【连杆】对话框。

（2）在视图区选择 T 形实体为连杆 L001。

（3）单击【连杆】对话框中的【应用】按钮，完成连杆 L001 的创建。

（4）在视图区选择长方体为连杆 L002。

（5）单击【连杆】对话框中的【应用】按钮，完成连杆 L002 的创建。

（6）在视图区选择切割头、Y 轴滑动杆、销作为连杆 L003，如图 5-44 所示。

（7）单击【连杆】对话框中的【确定】按钮，完成连杆 L003 的创建。

图 5-43　【环境】对话框

图 5-44　创建连杆

3. 创建滑块副 1

（1）单击【主页】选项卡【机构】面组上的【接头】按钮，打开【运动副】对话框。

（2）单击【选择连杆】选项，在视图区选择连杆 L001。

（3）在【类型】下拉列表框中选择【滑块】类型，如图 5-45 所示。

（4）单击【指定原点】选项，在视图区选择 L001 上任意一点为原点，如图 5-46 所示。

说明　　　滑动副的原点可以在 Z 轴的任意位置，但是做精确分析时，最好把原点放在模型中间。

（5）单击【指定矢量】选项，选择系统提示的 X 轴。

（6）单击【驱动】标签，打开【驱动】选项卡。

（7）在【平移】下拉列表框中选择【多项式】类型。在速度文本框中输入 3，如图 5-47 所示。

（8）单击【运动副】对话框中的【确定】按钮，完成滑块副创建。

图 5-45　【运动副】对话框（一）

图 5-46　指定原点、矢量

图 5-47　【运动副】对话框（二）

4．创建滑块副 2

（1）单击【主页】选项卡【机构】面组上的【接头】按钮，打开【运动副】对话框。

（2）单击【选择连杆】选项，在视图区选择连杆 L002。

（3）单击【指定原点】选项，在视图区选择 L002 上任意一点作为原点，如图 5-48 所示。

（4）单击【指定矢量】选项，选择系统提示的 Z 轴，如图 5-49 所示。

（5）单击【底数】标签，打开【底数】选项卡，如图 5-50 所示。

图 5-48　指定原点

图 5-49　指定矢量

图 5-50　【底数】选项卡

（6）单击【选择连杆】选项，在视图区选择连杆 L001，如图 5-51 所示。

（7）单击【运动副】对话框中的【确定】按钮，完成滑块副创建。

5. 创建滑块副 3

（1）单击【主页】选项卡【机构】面组上的【接头】按钮，打开【运动副】对话框。

（2）单击【选择连杆】选项，在视图区选择连杆 L003。

（3）单击【指定原点】选项，在视图区选择连杆 L003 上任意一点作为原点，如图 5-52 所示。

（4）单击【指定矢量】选项，选择连杆 L003 的平行 Y 轴上线性边缘，如图 5-53 所示。

图 5-51　啮合连杆

图 5-52　指定原点

图 5-53　指定矢量

（5）单击【底数】标签，打开【底数】选项卡，如图 5-54 所示。

（6）单击【选择连杆】选项，在视图区选择连杆 L002，如图 5-55 所示。

图 5-54　【底数】选项卡

图 5-55　选择连杆

（7）单击【运动副】对话框中的【确定】按钮，完成滑块副的创建。

5.2.2　创建约束

完成连杆和基本的运动副创建后，需要创建点在线上副约束，具体的步骤如下。

（1）单击【主页】选项卡【约束】面组上的【点在线上副】按钮，打开【点在线上副】对话框，如图 5-56 所示。

（2）在视图区选择连杆 L003。

（3）指定点，选择切割头最尖处的圆心点，如图 5-57 所示。

（4）选择曲线，单击【选择曲线】按钮，在视图区选择曲线，如图 5-58 所示。

（5）单击【点在线上副】对话框中的【确定】按钮，完成点在线上副的创建。

图 5-56　【点在线上副】对话框

图 5-57　指定点

图 5-58　选择曲线

5.2.3　结果分析

完成连杆和运动副创建以后，对模型进行运动分析，具体的步骤如下。

（1）单击【主页】选项卡【解算方案】面组上的【解算方案】按钮，打开【解算方案】对话框。

（2）在【解算方案选项】选项卡文本框中输入时间为 4，步数为 400，如图 5-59 所示。

（3）单击【解算方案】对话框中的【确定】按钮，完成解算方案。

（4）单击【主页】选项卡【解算方案】面组上的【求解】按钮，求解出当前解算方案的结果。

（5）单击【结果】选项卡【动画】面组上的【播放】按钮，玻璃切割机运动开始，在仿真过程中，使用追踪命令记录某个时间点的运动机构的位置，如图 5-60 所示。

图 5-59　【解算方案】对话框

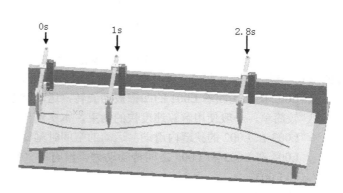

图 5-60　动画效果

（6）单击【结果】选项卡【动画】面组上的【完成】按钮🏁，完成玻璃切割机模型的解算。并完成玻璃切割机模型的动画分析，对仿真过程中整个机构的状况进行分析的结果如下。

- 当机构运行到 2s 位置时，Z 向的滑块将近三分之一脱离，如图 5-61 所示，需要增加 X 滑块 T 形槽高度。
- 解算方案 Solution_1，以时间为 4s、解算步数为 400 步，播放动画时发现实际运行时间为 3.64s。原因在于切割头达到曲线终点，如图 5-62 所示，而点在线上副运动必须接触，不可以脱离。

图 5-61　机构在 2.6s 时的位置　　　　图 5-62　机构在 3.64s 时的位置

5.3　实例——仿形运动机构

扫码看视频

仿形运动机构能够按照指定轮廓运动，例如凸轮、仿形机床等。本实例以最初装配好的模型，逐步讲解仿形运动机构的运动仿真。

5.3.1　运动要求及分析思路

启动 UG NX 12，打开 Motion /chapter5 /5.3 /zhuanpan.prt，出现仿形运动机构模型，如图 5-63 所示。仿形运动机构通过转盘周期性的旋转得到滑块在固定杆上周期性的滑动。

（1）连杆的划分。在整个仿形运动机构模型内找出参与运动的部件，并划分为连杆，一共是 5 个，如图 5-64 所示。非连杆机构被着色为灰色，一共是 4 个，它们也可以被创建为固定连杆。

（2）运动副的划分。主要的方法是根据设计要求主、从运动的设定，以及具体的形式推断。

- L001 为主运动，运动的类型是旋转副。
- L002、L003、L004 从形式上都是旋转副。
- L005 是最后的一级运动，运动的类型是滑块副。

（3）运动的传递。常见传递的类型有齿轮、线缆、点在线上、3D 接触等，可以根据模型的具体的形式一级一级往下推断，本实例各连杆的传动如下。

- L002 的凸轮随着 L001 的凹槽被动旋转，运动类型可为约束、3D 接触等。仿形运动结构比较简单，一般使用解算速度快的约束，本实例使用点在线上副类型。
- L003 在 L002 的狭缝内滑动，运动的空间时刻变化，可以使用线在线上副模拟。
- L004 在 L003 和 L005 之间传动动力，没有对"地"固定，需要使用两个旋转副啮合 L003 和 L005。

（4）辅助对象的创建。创建约束所需要的所有点和曲线，如图 5-65 所示。

图 5-63　仿形运动机构模型　　　　图 5-64　划分连杆　　　　图 5-65　辅助对象

5.3.2　创建辅助对象

点在线上副约束的点和曲线创建方法如下：点使用圆心点，曲线使用偏置命令创建。线在线上副约束所需要的曲线使用相交命令创建，具体的步骤如下。

1．测量距离

（1）单击【分析】选项卡【测量】面组上的【测量距离】按钮，弹出【测量距离】对话框，如图 5-66 所示。

（2）选择第一个对象，单击凸轮圆心。

（3）选择第二个对象，单击凹槽侧面，结果如图 5-67 所示。

（4）单击【距离】下拉列表框，选择到点（或最小值、最大值等）类型。

（5）单击【测量距离】对话框中的【确定】按钮，距离为 1.5，因此偏置曲线的距离也是 1.5。

2．偏置曲线

（1）选择【菜单】→【插入】→【派生曲线】→【偏置】命令，打开【偏置曲线】对话框，如图 5-68 所示。

图 5-66　【测量距离】对话框　　　　图 5-67　结果　　　　图 5-68　【偏置曲线】对话框

（2）设置选择过滤器，曲线规则为相切曲线。选择要偏置的边缘，如图 5-69 所示。

（3）在【偏置】选项卡【距离】文本框中输入距离为 1.5、【副本数】文本框中输入 1，如图 5-70 所示。

（4）单击【偏置曲线】对话框中的【确定】按钮，完成的曲线如图 5-71 所示。

图 5-69　选择曲线　　　　图 5-70　【偏置】选项卡　　　　图 5-71　偏置曲线

3. 创建基准平面

（1）选择【菜单】→【插入】→【基准 / 点】→【基准平面】命令，打开【基准平面】对话框，如图 5-72 所示。

（2）选择连杆 L002 边缘的中点。

（3）单击【基准平面】对话框中的【确定】按钮，完成基准平面的创建，如图 5-73 所示。

图 5-72　【基准平面】对话框　　　　　　图 5-73　基准平面

4. 创建相交曲线

（1）选择【菜单】→【插入】→【派生曲线】→【相交】命令，打开【相交曲线】对话框。

（2）选择第一组面对象是基准平面。

（3）选择第二组面对象是凸轮和连杆 L002 表面，选择时注意面规则过滤器设置为单个面，如图 5-74 所示。

（4）单击【相交曲线】对话框中的【确定】按钮，完成相交曲线的创建，如图 5-75 所示。

图 5-74　选择面　　　　　　图 5-75　相交曲线

5.3.3　创建连杆

仿形运动机构模型一共由 9 个部件组成，但是有些是固定不动或合并的形式，需要创建 5 个连杆。具体的步骤如下。

1．新建仿真

（1）单击【应用模块】选项卡【仿真】面组上的【运动】按钮，进入运动仿真界面。

（2）在资源导航器中选择【运动导航器】，右击运动仿真 zhuanpan 图标，选择【新建仿真】，如图 5-76 所示。

（3）选择【新建仿真】后，软件自动打开【新建仿真】对话框，单击【确定】按钮，打开【环境】对话框，如图 5-77 所示。默认各参数，单击【确定】按钮。

图 5-76　运动导航器

图 5-77　【环境】对话框

2．创建连杆

（1）单击【主页】选项卡【机构】面组上的【连杆】按钮，打开【连杆】对话框，如图 5-78 所示。

（2）在视图区选择转盘、偏置曲线为连杆 L001，如图 5-79 所示。

图 5-78　【连杆】对话框

图 5-79　创建连杆

（3）单击【连杆】对话框中的【应用】按钮，完成连杆 L001 的创建。

（4）在视图区选择开槽凸轮、表面曲线作为连杆 L002。

（5）单击【连杆】对话框中的【应用】按钮，完成连杆 L002 的创建。

（6）在视图区选择折弯杆和曲线作为连杆 L003。

（7）单击【连杆】对话框中的【应用】按钮，完成连杆 L003 的创建。

（8）在视图区选择直连杆作为连杆 L004。

（9）单击【连杆】对话框中的【应用】按钮，完成连杆 L004 的创建。

（10）在视图区选择滑动块作为连杆 L005。

（11）单击【连杆】对话框中的【确定】按钮，完成连杆 L005 的创建。

5.3.4 创建运动副

仿形运动机构模型需要创建 6 个运动副，如图 5-80 所示。转盘为主运动，需要驱动，驱动的方式为【谐波】。具体的步骤如下。

> **说明**　J001（主运动）、J002、J003 为旋转副，J004、J005 为旋转副且带啮合功能，J006 为滑动副。

---

1. 创建旋转副 1

（1）单击【主页】选项卡【机构】面组上的【接头】按钮，打开【运动副】对话框，如图 5-81 所示。

（2）单击【选择连杆】选项，在视图区选择连杆 L001。

（3）单击【指定原点】选项，在视图区选择 L001 上中心点作为原点，如图 5-82 所示。

（4）单击【指定矢量】选项，选择转盘的端面，如图 5-83 所示。

图 5-80　创建运动副

图 5-81　【运动副】对话框

图 5-82　指定原点

图 5-83　指定矢量

（5）单击【驱动】标签，打开【驱动】选项卡。

（6）在【旋转】下拉列表框中选择【谐波】类型。

（7）在【幅值】文本框中输入 135、【频率】文本框中输入 50、【位移】文本框中输入 25，如图 5-84 所示。

（8）单击【运动副】对话框中的【确定】按钮，完成旋转副创建。

2. 创建旋转副 2

（1）单击【主页】选项卡【机构】面组上的【接头】按钮 ，打开【运动副】对话框。

（2）单击【选择连杆】选项，在视图区选择连杆 L002。

（3）单击【指定原点】选项，在视图区选择连杆 L002 上孔的圆心点作为原点，如图 5-85 所示。

（4）单击【指定矢量】选项，选择连杆 L002 上表面，使 Z 方向指向轴心。

（5）单击【运动副】对话框中的【确定】按钮，完成旋转副创建。

3. 创建旋转副 3

（1）单击【主页】选项卡【机构】面组上的【接头】按钮 ，打开【运动副】对话框。

（2）单击【选择连杆】选项，在视图区选择连杆 L003。

（3）单击【指定原点】选项，在视图区选择连杆 L003 上的圆心点作为原点，如图 5-86 所示。

（4）单击【指定矢量】选项，选择连杆 L003 上柱面，使 Z 方向指向轴心。

（5）单击【运动副】对话框中的【确定】按钮，完成旋转副创建。

图 5-84　【运动副】对话框　　　图 5-85　指定原点、矢量（一）　　图 5-86　指定原点、矢量（二）

4. 创建旋转副 4

（1）单击【主页】选项卡【机构】面组上的【接头】按钮 ，打开【运动副】对话框。

（2）单击【选择连杆】选项，在视图区选择连杆 L004。

（3）单击【指定原点】选项，在视图区选择连杆 L004 左端的圆心点作为原点，如图 5-87 所示。

（4）单击【指定矢量】选项，选择连杆 L004 上表面，使 Z 方向指向轴心。

（5）单击【底数】标签，打开【底数】选项卡，如图 5-88 所示。

图 5-87　指定原点、矢量（三）　　　　　图 5-88　【底数】选项卡

（6）单击【选择连杆】选项，在视图区选择连杆 L003，如图 5-89 所示。

（7）单击【运动副】对话框中的【应用】按钮，完成旋转副创建。

（8）按照相同的步骤完成 J005 的创建，其中 J005 要啮合 L005。

5．创建滑块副

（1）单击【主页】选项卡【机构】面组上的【接头】按钮 ⌐，打开【运动副】对话框。

（2）单击【选择连杆】选项，在视图区选择连杆 L005。

（3）在【类型】下拉列表框中选择【滑块】类型。

（4）单击【指定原点】选项，在视图区选择 L005 上任意一点作为原点，如图 5-90 所示。

（5）单击【指定矢量】选项，选择系统提示的 Z 轴或选择柱面。

（6）单击【运动副】对话框中的【确定】按钮，完成滑块副创建。

图 5-89　啮合连杆

图 5-90　指定原点、矢量

5.3.5　创建约束

仿形运动机构模型需要创建两个约束：一个为点在线上副连接 L001 和 L002；另一个为线在线上副连接 L002 和 L003。具体的步骤如下。

1．创建点在线上副

（1）单击【主页】选项卡【约束】面组上的【点在线上副】按钮 ⌐，打开【点在线上副】对话框，如图 5-91 所示。

（2）在视图区选择连杆 L002。

（3）指定点，选择凸轮的圆心点，如图 5-92 所示。

（4）选择曲线，单击【选择曲线】按钮，在视图区选择转盘的 3 条曲线，如图 5-93 所示。

（5）单击【点在线上副】对话框中的【确定】按钮，完成点在线上副的创建。

2．创建线在线上副

（1）单击【主页】选项卡【约束】面组上的【线在线上副】按钮 ⌐，打开【线在线上副】对话框，如图 5-94 所示。

（2）选择圆上的曲线，如图 5-95 所示。

（3）单击【第二曲线集】中【选择曲线】按钮，选择连杆 L002 上的直线。

图 5-91　【点在线上副】对话

图 5-92　指定点

图 5-93　选择曲线

图 5-94　【线在线上副】对话框

图 5-95　选择曲线

（4）单击【线在线上副】对话框中的【确定】按钮，完成线在线上副的创建。

5.3.6　运动分析

完成所有的连杆、运动副和约束的创建后，对模型进行运动分析，具体的步骤如下。

（1）单击【主页】选项卡【解算方案】面组上的【解算方案】按钮，打开【解算方案】对话框，如图 5-96 所示。

（2）在【解算方案选项】选项卡文本框中输入时间为 10，步数为 1000，如图 5-97 所示。

图 5-96　【解算方案】对话框

图 5-97　【解算方案选项】选项卡文本框

（3）单击【解算方案】对话框中的【确定】按钮，完成解算方案。

（4）单击【主页】选项卡【解算方案】面组上的【求解】按钮📄，求解出当前解算方案的结果。

（5）单击【结果】选项卡【动画】面组上的【播放】按钮▶，仿形运动机构开始运动，如图 5-98 所示。

（6）单击【结果】选项卡【动画】面组上的【完成】按钮🏁，完成仿形运动机构的解算。

图 5-98　动画效果（2.8s、4s）

5.4　练习题

1．仿真运动中约束有哪些类型，分别用于什么情况？

2．点在线上和点在曲面上的区别在哪里？

3．完成汽车发动机气门模型的运动仿真，启动 NX 12，打开 Motion /chapter5/yuanshiwenjian/5.4/qiqm.prt，出现发动机气门模型，如图 5-99 所示。通过曲轴的旋转运动得到气门的周期性滑动，进气门和出气门形式上基本一致，只是在运动相位角上相差了 120°。

图 5-99　发动机气门模型

第 6 章
力的创建

力是物体之间的相互作用。力可以改变物体的运动状态、形状，例如汽车启动后，随着牵引力的作用，速度逐渐增大。连杆在运动副内通过驱动可以使对象运动。它们有一定的速度或步长，但是没有包含引起物体运动的动力因素，本章将讲解 UG NX 12 的载荷、重力和摩擦力。

重点与难点

创建标量力、矢量力、标量扭矩、矢量扭矩。
理解重力、创建摩擦力。
理解标量力、矢量力在力的方向上对物体运动的影响。
通过函数控制力的大小和时间。

6.1 载荷

UG NX 12 的载荷包含标量力（Scalar Force）、矢量力（Vector Force）、标量扭矩（Scalar Torque）、矢量扭矩（Vector Torque）4 个命令。在本节将讲解各种载荷力的创建，以及力对物体运动的影响，如图 6-1 所示。

图 6-1　力的创建

6.1.1　标量力

标量力（Scalar Force）是有一定大小并通过空间直线方向作用的力。标量力可以使一个物体运动，也可以给物体施加载荷、限制物体运动的反作用力等。图 6-2 所示为物体在标量力推动下某个时间点的位置。

一般情况下，定义标量力（或其他力）分为 3 个步骤。

（1）选择要施加力的连杆，非连杆对象不能被选中。

（2）定义力的原点，力的方向为第二点到第一点的方向。

（3）定义力的大小，可以使用表达式或者 XY 函数编辑器输入值，如图 6-3 所示。

图 6-2　标量力

图 6-3　【XY 函数编辑器】对话框

创建标量力注意要点如下。

- 标量力的方向通过它的启动和终点推动。
- 如果使用反作用力，需要在【底数】选项卡选择第二个连杆。
- 标量力的方向只是代表了初始的方向，在整个运动过程中，方向是不断变化的。
- 所有标量力、矢量力在整个分析过程中都会影响机构的运动。

6.1.2　创建标量力

本实例将讲解标量力的创建，并使用标量力推动物体，具体的步骤如下。

扫码看视频

1．新建仿真

（1）启动 UG NX 12，打开 Motion /chapter6 /6.1 / Scalar Force.prt，出现长方体模型，如图 6-4 所示。

（2）单击【应用模块】选项卡【仿真】面组上的【运动】按钮，进入运动仿真界面。

（3）在资源导航器中选择【运动导航器】，右击运动仿真 Scalar Force 图标，选择【新建仿真】，如图 6-5 所示。

（4）选择【新建仿真】后，软件自动打开【新建仿真】对话框，单击【确定】按钮，打开【环境】对话框，如图 6-6 所示。默认各参数，单击【确定】按钮。

图 6-4　长方体模型

2．创建连杆

（1）单击【主页】选项卡【机构】面组上的【连杆】按钮，打开【连杆】对话框，如图 6-7 所示。

图 6-5　新建仿真

图 6-6　【环境】对话框

图 6-7　【连杆】对话框

（2）在视图区选择长方体作为连杆 L001，如图 6-8 所示。

（3）单击【连杆】对话框中的【确定】按钮，完成连杆的创建。

3．创建平面副

（1）单击【主页】选项卡【机构】面组上的【接头】按钮，打开【运动副】对话框。

（2）在【类型】下拉列表框中选择【平面副】类型，如图 6-9 所示。

（3）单击【选择连杆】选项，在视图区选择连杆 L001。

（4）单击【指定原点】选项，在视图区选择 L001 上任意一点为原点。

说明　本实例是模拟物体在地面滑动的效果，为了防止长方体因重力掉下，特创建平面副，使长方体可以在平面内任意移动、旋转。

（5）单击【指定矢量】选项，选择 L001 的顶面。

（6）单击【运动副】对话框中的【确定】按钮，完成平面副创建，如图 6-10 所示。

图 6-8　选择连杆

图 6-9　【运动副】对话框

图 6-10　指定原点、方位

4. 创建标量力

（1）单击【主页】选项卡【加载】面组上的【标量力】按钮 ✐，或选择【菜单】→【插入】→【载荷】→【标量力】命令，打开【标量力】对话框，如图 6-11 所示。

（2）单击【选择连杆】选项，在视图区选择长方体。

（3）单击【指定原点】选项，在绘图区选择存在点或使用【点】对话框确定点，本例直接选择长方体左下角端点，在左下角施加力，如图 6-12 所示。

说明　在选择连杆的时候，原点已经被软件自动地选择，但是往往不符合我们的要求，需要重新指定才能精确。

（4）在【底数】选项卡中单击【指定原点】选项，选择不动的原点为坐标零点。

（5）在【值】文本框中输入 5，施加 5N 的力。

说明　如果需要其他复杂类型的力，例如变化大小的力、随时间改变的力等，可以单击【类型】下拉列表框，选择函数类型，使用函数编辑器创建。

（6）单击【标量力】对话框中的【确定】按钮，完成力的创建。

5. 动画分析

（1）单击【主页】选项卡【解算方案】面组上的【解算方案】按钮 ▱，打开【解算方案】对话框，如图 6-13 所示。

图 6-11　【标量力】对话框

图 6-12　指定原点

图 6-13　【解算方案】对话框

（2）在【解算方案选项】选项卡文本框中输入时间为 1.5，步数为 100，如图 6-14 所示。

（3）单击【解算方案】对话框中的【确定】按钮，完成解算方案。

（4）单击【主页】选项卡【解算方案】面组上的【求解】按钮 ，求解出当前解算方案的结果。

（5）单击【结果】选项卡【动画】面组上的【播放】按钮 ，长方体开始运动，如图 6-15 所示。

图 6-14　【解算方案选项】选项卡

图 6-15　动画效果

（6）单击【结果】选项卡【动画】面组上的【完成】按钮 ，完成当前模型的动画分析。

6.1.3　矢量力

矢量力（Vector Force）是有一定大小和方向作用的力。与标量力一样，矢量力可以改变物体的运动状态，它与标量力的区别在于施加力的方向相对于物体始终不变。矢量力一共有两种类型。

- 分量：不需指定方位，以绝对坐标系为参照分别在 X、Y、Z 上输入力的大小，力的大小和方向通过各轴上的分力合成，如图 6-16 所示。
- 幅值和方向：需要指定方位，以确定力在对象上的方位，因此力的大小只有一项，如图 6-17 所示。

创建矢量力的注意要点如下。

- 矢量力和标量力在操作步骤上略有不同，不需要指出不动的原点，只需要指出施加力的点即可。

- 如果要明确力的方向，请不要使用分量类型，而是使用幅值和方向。
- 矢量力的原点是力的作用点，需要明确的定义。
- 如果需要使用反作用力，需要在【底数】选项卡选择第二个连杆。

图 6-16 【矢量力】对话框（一）

图 6-17 【矢量力】对话框（二）

6.1.4 创建矢量力

扫码看视频

本实例将介绍矢量力的创建，修改之前的玻璃切割机模型。移除滑动副的驱动，使用矢量力推动对象，具体的步骤如下。

1. 编辑运动副

（1）启动 UG NX 12，打开 Motion /chapter6 /6.1 / blqgj/ blqgj.sim，出现玻璃切割机模型，如图 6-18 所示。

（2）在资源导航器中选择【运动导航器】，如图 6-19 所示。

图 6-18 玻璃切割机模型

图 6-19 运动导航器

（3）双击带有驱动的运动副 J001，打开【运动副】对话框，如图 6-20 所示。

（4）单击【驱动】标签，打开【驱动】选项卡。

（5）在【平移】下拉列表框中选择【无】类型，如图 6-21 所示。

（6）单击【运动副】对话框中的【确定】按钮，完成运动副的修改。

图 6-20　【运动副】对话框

图 6-21　【驱动设置】选项卡

2. 创建矢量力

（1）单击【主页】选项卡【加载】面组上的【矢量力】按钮，或选择【菜单】→【插入】→【载荷】→【矢量力】命令，打开【矢量力】对话框，如图 6-22 所示。

（2）在【类型】下拉列表框中选择【幅值和方向】类型，在【操作】下拉列表单击【选择连杆】选项，在视图区选择 T 形块 L001。

（3）单击【指定原点】选项，在绘图区选择施加力的点。

（4）在【参考】选项，单击【选择连杆】，选择 L003 连杆。

（5）单击【指定矢量】选项，选择力的方向，本实例方向为 X 轴正方向，在绘图区选择 L001 的侧表面，如图 6-23 所示。

图 6-22　【矢量力】对话框

图 6-23　选择面

（6）在【值】文本框中输入 1，施加 1N 的力，如图 6-24 所示。如果是使用【分量】类型，要达到同样的效果，分别在【X 值】、【Y 值】、【Z 值】文本框中输入 1、0、0，如图 6-25 所示。

图 6-24 【幅值】选项卡   图 6-25 【分量】选项卡

（7）单击【矢量力】对话框中的【确定】按钮，完成力的创建。

3. 创建阻尼器

（1）单击【主页】选项卡【连接器】面组上的【阻尼器】按钮🖊，或选择【菜单】→【插入】→【连接器】→【阻尼器】命令，打开【阻尼器】对话框，如图 6-26 所示。

> **@ 说明**　　由于本模型为绝对理想模型，所以没有任何阻力，如果想要在短时间内将速度达到很大，为了达到方便观看的目的，本实例对模型添加阻力，阻尼器相关的要点请参照连接器章节。

（2）在【附着】下拉列表框中选择【滑动副】类型，如图 6-27 所示。
（3）选择【选择运动副】选项，在绘图区选择滑动副 J001。
（4）定义阻尼系数，在【类型】下拉列表框中选择【表达式】，在【表达式】文本框中输入 0.5。
（5）单击【阻尼器】对话框中的【确定】按钮，完成阻尼的创建。

图 6-26 【阻尼器】对话框   图 6-27 选择滑动副

4. 动画分析

（1）单击【主页】选项卡【解算方案】面组上的【解算方案】按钮📑，打开【解算方案】对话框，如图 6-28 所示。
（2）在【解算方案选项】选项卡文本框中输入时间为 3，步数为 300，如图 6-29 所示。
（3）单击【解算方案】对话框中的【确定】按钮，完成解算方案。将之前创建的失量力拖曳到解算方案中的负载中。

（4）单击【主页】选项卡【解算方案】面组上的【求解】按钮▦，求解出当前解算方案的结果。

（5）单击【结果】选项卡【动画】面组上的【播放】按钮▶，开始运动仿真动画，如图 6-30 所示。

（6）单击【结果】选项卡【动画】面组上的【完成】按钮🏁，完成当前模型的动画分析。

图 6-28　【解算方案】对话框

图 6-29　【解算方案选项】选项卡

图 6-30　动画效果

6.1.5　创建标量扭矩

扫码看视频

标量扭矩（Scalar Torque）可以使物体做旋转运动。标量扭矩只能施加在旋转副上，正的扭矩为顺时针旋转，负的扭矩为逆时针旋转。

创建标量扭矩的步骤如下。

1．创建标量扭矩

（1）启动 UG NX 12，打开 Motion /chapter6 /6.1 / fan/ motion_1.sim，出现风扇模型，如图 6-31 所示。

（2）单击【主页】选项卡【加载】面组上的【标量扭矩】按钮，或选择【菜单】→【插入】→【载荷】→【标量扭矩】命令，打开【标量扭矩】对话框，如图 6-32 所示。

（3）选择运动副，在视图区选择 J001，如图 6-33 所示。

图 6-31　风扇模型

图 6-32　【标量扭矩】对话框

图 6-33　选择运动副

（4）在【值】文本框中输入 0.1，施加 0.1N 的力。

> **说明** 如果要定义和时间、大小有关的力，可以在类型上选择函数，通过函数编辑器来创建。

（5）单击【标量扭矩】对话框中的【确定】按钮，完成扭矩的定义。

2. 解算方案

（1）单击【主页】选项卡【解算方案】面组上的【解算方案】按钮，打开【解算方案】对话框，如图 6-34 所示。

（2）在【解算方案选项】选项卡文本框中输入时间为 3，步数为 300。

（3）单击【解算方案】对话框中的【确定】按钮，完成解算方案。将创建的标量扭矩拖曳到解算方案的负载中。

（4）单击【主页】选项卡【解算方案】面组上的【求解】按钮，求解出当前解算方案的结果。

3. 制作图表

（1）单击【分析】选项卡【运动】面组上【仿真】下拉菜单【XY 结果】按钮，打开【XY 结果视图】面板。

> **说明** 由于模型没有任何阻力，风扇转速很快，直接观察模型的动画分析没有什么意义，因此借助图表来观察风扇在指定时间内的转速表。

（2）在【运动导航器】面板中选择旋转副 J001。

（3）在【XY 结果视图】面板中选择【绝对】类型中的【速度】类型。

（4）在【速度】下拉列表框中选择【角度幅值】类型，如图 6-35 所示。

图 6-34 【解算方案】对话框　　　　图 6-35 【XY 结果视图】面板

（5）右键选中【角度幅值】类型，在打开的快捷菜单中选择【绘图】选项，如图 6-36 所示，打开【查看窗】对话框，如图 6-37 所示，单击【新建窗口】按钮，计算得出风扇转速表，如图 6-38 所示。令 X 轴为时间、Y 轴为速度，斜线为 J001 的转速，在第 1.5s 时，风扇转速约为 5r/s。

图 6-36　【绘图】选项　　　　　图 6-37　【查看窗】对话框

图 6-38　风扇转速表

6.1.6　矢量扭矩

矢量扭矩（Vector Torque）同标量扭矩一样能使物体做旋转运动。标量扭矩只能施加在旋转副上，而矢量扭矩则施加在连杆上，并可以定义反作用力连杆。矢量扭矩一共有分量、幅值和方向两种类型。

● 分量：可以在一个或多个轴上定义扭矩，如图 6-39 所示。

● 幅值和方向：用户自定义一个轴上的扭矩，如图 6-40 所示。

图 6-39 【矢量扭矩】对话框（一）　　　图 6-40 【矢量扭矩】对话框（二）

创建矢量扭矩的注意要点如下。

● 方位的方向或力的正负决定了对象旋转的方向。

● 一般矢量扭矩的原点定义在对象的旋转中心。

● 如果对象不包含旋转副，则可以使用分量类型定义矢量扭矩。

6.1.7　创建矢量扭矩

扫码看视频

本例子通过单摆模型，讲解使用 STEP 函数定义矢量扭矩的大小对模型运动的影响。单摆运动必须需要考虑重力（默认 Gx=0、Gy=0、Gz=−9806.65）对整个模型的影响。

1. 创建矢量扭矩

（1）启动 UG NX 12，打开 Motion /chapter6 /6.1 / Vector Torque/ motion_1.sim，出现单摆模型，如图 6-41 所示。

（2）单击【主页】选项卡【加载】面组上的【矢量扭矩】按钮 ，或选择【菜单】→【插入】→【载荷】→【矢量扭矩】命令，打开【矢量扭矩】对话框，如图 6-42 所示。

（3）在【操作】选项单击【选择连杆】按钮，在视图区选择 L001，如图 6-43 所示。

（4）在【操作】选项单击【指定原点】按钮，在视图区选择 L001 上转轴圆心一点作为原点，如图 6-44 所示。

（5）在【参考】选项单击【选择连杆】按钮，在视图区选择 L001。单击【指定原点】按钮，在视图区选择 L001 上转轴圆心一点为原点，如图 6-44 所示。单击【指定矢量】按钮，选择 L001 转轴的柱面，如图 6-45 所示。

（6）在【幅值】选项卡，单击【类型】下拉列表框，选择【函数】类型，如图 6-46 所示。

（7）单击【函数】右侧按钮 ，选择【函数管理器】类型，打开【XY 函数管理器】对话框，如图 6-47 所示。

图 6-41　单摆模型

图 6-42　【矢量扭矩】对话框

图 6-43　选择连杆

图 6-44　指定原点

图 6-45　指定矢量

图 6-46　【幅值】选项卡

图 6-47　【XY 函数管理器】对话框

（8）单击【新建】按钮 ，打开【XY 函数编辑器】对话框，如图 6-48 所示。

（9）单击【插入】下拉列表框，选择【运动函数】类型，并选择 STEP 类型。

（10）单击添加 图标，加入 STEP 函数。

（11）在【公式】文本框中，将 STEP 修改为 STEP（x，0，0，3，50），如图 6-49 所示。

（12）单击【XY 函数编辑器】对话框中的【确定】按钮，完成编辑。

（13）单击【XY 函数管理器】对话框中的【确定】按钮，选择 STEP 函数。

（14）单击【矢量扭矩】对话框中的【确定】按钮，完成扭矩的定义。

2. 解算方案

（1）单击【主页】选项卡【解算方案】面组上的【解算方案】按钮 ，打开【解算方案】对话框。

（2）在【解算方案选项】选项卡文本框中输入时间为 3，步数为 300。

（3）勾选【按"确定"进行求解】复选框，如图 6-50 所示。

（4）单击【解算方案】对话框中的【确定】按钮，完成解算方案。

图 6-48 【XY 函数编辑器】对话框

图 6-49 【函数定义】选项卡

图 6-50 【解算方案】对话框

3. 动画分析

（1）单击【结果】选项卡【动画】面组上的【播放】按钮 ，开始运动仿真动画，如图 6-51 所示。

（2）单击【结果】选项卡【动画】面组上的【完成】按钮 ，完成当前模型的动画分析。

说明

由于 STEP 力逐渐从 0 增加到 50，单摆在第一个周期内（0.6s）重力大于矢量扭矩，在逆时针旋转到 0.25s 后顺时针旋转。在 0.64s 后开始逆时针旋转，此后矢量扭矩已完全大于重力，如图 6-52 所示，单摆完全做逆时针旋转，如图 6-53 所示。

图 6-51 动画效果（0.25s、0.6s、1s、1.4s）

图 6-52 矢量扭矩变量表

图 6-53 球体 X 方向位移表

6.2 重力与摩擦力

重力与摩擦力是现实中运动机构必须要考虑的条件。在 UG NX 12 运动仿真内重力始终存在，用户可以根据情况设置重力大小，但是不能移除。而摩擦力则可以忽略，也可以开启。

6.2.1　重力

地球上一切物体都受到地球的吸引作用，由于物体受到地球的吸引的力称为重力（gravitational forces）。不只是地球对物体有吸引作用，任何两个物体之间都存在吸引作用，称为万有引力。但是，在生活中，一般只考虑重力，而忽略两个小物体的万有引力。

在 UG NX 12 中设置重力有两种方法。

预设值：选择【菜单】→【首选项】→【运动】命令，打开【运动首选项】对话框，如图 6-54 所示。单击【重力常数】按钮，打开【全局重力常数】对话框。改变 Gx、Gy、Gz 自定义重力常数，如图 6-55 所示。

解算方案：通过解算方案【重力】选项卡，设置重力的方向和大小，如图 6-56 所示。解算方案重力优先于预设值，但起初解算方案重力是默认和预设值相同的。

图 6-54　【运动首选项】对话框

图 6-55　【全局重力常数】对话框

图 6-56　【解算方案】对话框

6.2.2　摩擦力

在机械运动中，常见的摩擦力有滑动摩擦力（force of sliding friction）、滚动摩擦力（force of rolling friction）、静摩擦力（force of static friction）等，在 UG NX 12 能够定义滑动摩擦力和静摩擦力。

1. 滑动摩擦力

当一个物体在另一个上做相对滑动时，受到阻碍相对滑动的力为滑动摩擦力。滑动摩擦力的方向总是和摩擦面相切，且和物体运动的方向相反。滑动摩擦力的大小和压力成正比，如图 6-57 所示。如果用 F 表示滑动摩擦力，N 表示压力的大小，那么摩擦力的公式为

$$F=\mu N$$

图 6-57　滑动摩擦力

其中 μ 表示比例常数，称为动摩擦因素。

μ 和两物体的材料有关，又和接触面的情况有关，如粗糙程度、干燥程度等。在相同的压力下，μ 越大，滑动摩擦力越大。常见材料动摩擦因素如表 6-1 所示。

表 6-1　动摩擦因素

材　　料	动摩擦因素
橡皮轮胎 - 水泥路面	0.71
钢 - 钢	0.25
钢 - 木	0.3
钢 - 冰	0.02
皮革 - 铸铁	0.28

2. 静摩擦力

滑动摩擦力是物体滑动的时候发生的，如果有力作用于物体上，但是物体保持静止状态，此时摩擦力的大小和推力相等、方向相反，称为静摩擦力。静摩擦力的方向和接触面相切，方向和物体运动的趋势相反。

如果逐渐增加对物体的推力，静摩擦力随之增大。当达到物体运动的瞬间静摩擦力为最大时，称为最大静摩擦力，如图 6-58 所示。

3. 创建摩擦力

没有专门创建摩擦力的对话框，可以在运动副、接触器（3D 接触、2D 接触）上创建摩擦力。具体方法如下。

图 6-58　静摩擦力

- 运动副：打开【运动副】对话框，打开【摩擦】选项卡，勾选【启用摩擦】复选框，输入摩擦力参数，如图 6-59 所示。
- 3D 接触：打开【3D 接触】对话框，打开【基本】选项卡，设置【库仑摩擦】为【开】，输入摩擦力参数，如图 6-60 所示。3D 接触和 2D 接触输入摩擦力的步骤基本一致，本小节不赘述。

在 UG NX 12 内，除静摩擦、动摩擦参数外，还有以下参数。

- 静摩擦过渡速度：当物体从静摩擦完全过渡到动摩擦时，物体的切向速度。静摩擦过渡速度默认为 0.1。
- 静摩擦系数：当物体由静止到滑动时的摩擦系数。
- 动摩擦系数：当物体滑动时的摩擦系数。

图 6-59 【运动副】对话框

图 6-60 【3D 接触】对话框

6.2.3 实例——摩擦力试验

扫码看视频

本试验将模拟无摩擦力的理想状态和启用摩擦力情况下，使用相同的力推动汽车时的两种动画效果，具体的步骤如下。

（1）启动 UG NX 12，打开 Motion /chapter6 /6.2 / Damper / motion_1.sim，出现汽车模型，如图 6-61 所示。

（2）单击【结果】选项卡【动画】面组上的【播放】按钮，开始运动仿真动画，汽车解算时间 0.03s 冲出模拟底面，如图 6-62 所示。

（3）单击【结果】选项卡【动画】面组上的【完成】按钮，完成当前模型的解算。

图 6-61 汽车模型

图 6-62 动画效果

（4）单击【分析】选项卡【运动】面组上的仿真下拉菜单中的【XY 结果】按钮，使用图表分析，加速度 $a=F/m$，没有变化，为水平的直线。速度 $v=at$，由于时间 t 的增加，速度上升，在表中为斜线，如图 6-63 所示。

（5）打开 Motion /chapter6 /6.2 / Damper / motion_1- 副本 .sim，双击运动副 J002，打开【运动副】对话框，如图 6-64 所示。

（6）在【摩擦】选项卡中勾选【启用摩擦】复选框，启动摩擦。

（7）在【静摩擦】文本框中输入 20、【动摩擦】文本框中输入 19，其他参数默认，如图 6-64 所示。

图 6-63 加速度与速度表

图 6-64 【运动副】对话框

图 6-65 【解算方案】对话框

（8）单击【运动副】对话框中的【确定】按钮，完成摩擦力的创建。

（9）单击【主页】选项卡【解算方案】面组上的【解算方案】按钮📑，打开【解算方案】对话框，在【解算方案选项】选项卡中输入时间为0.2，步数为100，勾选【按"确定"进行求解】复选框，单击【确定】按钮，求解出当前解算方案的结果，如图6-65所示。

（10）单击【结果】选项卡【动画】面组上的【播放】按钮▶，开始运动仿真动画，加上摩擦力之后，汽车在0.1s才冲出模拟地面，比没有启用摩擦力时少0.07s，说明摩擦力是影响物体运动的关键因素，如图6-66所示。

图 6-66　动画效果

（11）单击【分析】选项卡【运动】面组上的仿真下拉菜单中的【XY 结果】按钮 ，使用图表分析，加速度 $a=F/m$，汽车克服静摩擦力后转为动摩擦力，加速度在下降瞬间后为水平直线，为常数。速度 $v=at$，由于时间 t 的增加，速度上升，在表中为斜线，如图 6-67 所示。

图 6-67　加速度与速度表

（12）单击【结果】选项卡【动画】面组上的【完成】按钮 ，完成当前模型的动画分析。

6.3　练习题

1. 标量力和矢量力有什么不同？
2. 创建矢量扭矩时需要注意什么？它需要选择旋转副吗？
3. 如何定义力由零逐渐增大或从某个值变化到零？

第 7 章
连接器

连接器可对零件进行弹性连接、阻尼连接、定义接触。它包含弹簧、衬套、阻尼、2D 接触、3D 接触。通过连接器的使用提高了运动仿真的全面性。

重点与难点

创建各种连接器，尤其是弹簧、3D 接触。
熟悉各种连接器对运动的影响。
理解 2D 接触、3D 接触各参数的含义。

7.1 弹性连接

弹性连接主要包含弹簧和衬套，它们都可以对作用力进行缓冲，使速度、动量等逐渐变小，在现实中可以减少对物体的变形。例如汽车的减振装置，可以使汽车在路况不好时也能平缓地行驶，如图 7-1 所示。

图 7-1　汽车悬挂机构

7.1.1 弹簧

弹簧（Spring）是一种弹性零件，如螺旋线弹簧、钟表发条、载重汽车减振钢板等。弹簧最大的特点是在受力时会发生形变，撤销力之后恢复原形状。

弹簧的弹力和形变的大小有关，形变越大，弹力也就越大；形变为零，弹力也为零。在 UG NX 12 中变形有两种情况。

- 弯曲形变：物体弯曲时发生的形变，例如弹簧生长或缩短。
- 扭转形变：物体扭曲时发生的形变，例如扭转铁丝，扭转的角度越大，弹力就越大。

根据胡克定律，弹力的大小 F 和弹簧的变形长度 x 成正比：

$$F=kx$$

说明 　　k 是比例常数，为弹簧的劲度系数（在 UG NX 中为刚度系数），劲度系数的国际单位是 N/m。物体的弹性形变有一定的范围，超出范围，即使撤销外力，物体如不能再恢复原来的样子，因此胡克定律只能适用弹性形变范围内。

7.1.2 弹簧力

在 UG NX 中弹簧用于施加力和扭矩，在运动仿真内能对连杆、滑动副、旋转副施加弹簧力。弹簧力是位移（Displacement）和刚度（Stiffness）的函数。

1. 位移

弹簧在自由状态下没有任何形变时，弹簧的作用力为零。当拉长或缩短时发生形变时，产生和位移正比的力，弹簧形变的单位如下。

- 拉伸弹簧（Translation Spring）：毫米（mm）。
- 扭转弹簧（Torsional Spring）：度（degree）或弧度（radians）。

说明 　　创建弹簧力并不需要创建弹簧模型，而是以符号的形式标记，它和矢量力、标量力一样只是力的一种。

2. 刚度

在相同的形变下，弹簧越粗、材料性能越好，它所产生的弹力就越大。弹簧粗细、材料性能可以定义弹簧的刚度，刚度越大，则弹簧力越大。弹簧刚度的单位如下。

- 拉伸弹簧（Translation Spring）：牛顿每毫米（N/mm），如图 7-2 所示。
- 扭转弹簧（Torsional Spring）：牛顿毫米每弧度或（N·mm/radian），如图 7-3 所示。

图 7-2　拉伸弹簧

图 7-3　扭转弹簧

7.1.3　创建拉伸弹簧

本实例为试验砝码之间的碰撞试验。其中砝码之间加入弹簧。在重力的作用下，砝码会下降接近另一个砝码。整个碰撞试验除弹簧以外，其他连杆、运动副等都已经创建，具体的步骤如下。

1．创建弹簧

（1）启动 UG NX 12，打开 Motion /chapter7 /7.1 / Spring/ motion_1.sim，出现弹簧模型，如图 7-4 所示。

（2）单击【主页】选项卡【连接器】面组上的【弹簧】按钮，或选择【菜单】→【插入】→【连接器】→【弹簧】命令，打开【弹簧】对话框，如图 7-5 所示。

扫码看视频

图 7-4　弹簧

图 7-5　【弹簧】对话框

（3）单击【选择连杆】选项，选择下面的砝码 L001 连杆。

（4）单击【指定原点】选项，选择连杆 L001 的底部圆心，如图 7-6 所示。

（5）单击【底数】选项卡【点】对话框按钮，打开【点】对话框。

说明	如果需要第一个连杆对第二个连杆的反作用力，可以选择第二个连杆。

（6）设置原点 X、Y、Z 都为零，如图 7-7 所示。

（7）单击【点】对话框中的【确定】按钮，完成点的输入，软件自动计算弹簧的原始长度为两点距离。

图 7-6　指定原点　　　　　　　　图 7-7　【点】对话框

（8）在【刚度】文本框中输入 12，在【预紧长度】文本框中输入 23，如图 7-8 所示。

（9）单击【弹簧】对话框中的【确定】按钮，完成弹簧力的创建。

2. 动画分析

（1）单击【主页】选项卡【解算方案】面组上的【解算方案】按钮，打开【解算方案】对话框。

（2）在【解算方案选项】选项卡文本框中输入时间为 0.6，步数为 400。

（3）勾选【按"确定"进行求解】复选框，如图 7-9 所示。

图 7-8　【弹簧】对话框　　　　　　图 7-9　【解算方案】对话框

（4）单击【解算方案】对话框中的【确定】按钮，完成解算方案。

> **说明**　由于仿真模型涉及 3D 接触以及极限运动，请把解算时间尽量缩短到合理范围，步数加大。这样才能得到合乎实际的结果和减少解算时间。

（5）单击【结果】选项卡【动画】面组上的【播放】按钮 ▶，开始运动仿真动画，如图 7-10 所示。

图 7-10　动画效果（0 到 0.6s）

（6）单击【结果】选项卡【动画】面组上的【完成】按钮 🏁，完成当前模型的解算。

> **试验结果**　从空中落下的砝码运动是最剧烈的，它不停地周期性跳动，本例使用图 7-11 记录砝码下落的位移变化。

图 7-11　位移图标

7.1.4　创建扭转弹簧

本实例将讲解扭转弹簧的创建，并模拟模型的运动。其中扭转弹簧模型在转轴处安装了一个扭转弹簧，它将阻止球体的下落。具体的步骤如下。

扫码看视频

147

1. 新建仿真

（1）启动 UG NX 12，打开 Motion /chapter7 /7.1 / Torsional Spring.prt，出现扭转弹簧模型，如图 7-12 所示。

（2）单击【应用模块】选项卡【仿真】面组上的【运动】按钮，进入运动仿真界面。

（3）在资源导航器中选择【运动导航器】，右击运动仿真 Torsional Spring 图标，选择【新建仿真】，如图 7-13 所示。

（4）选择【新建仿真】后，软件自动打开【新建仿真】对话框，单击【确定】按钮，打开【环境】对话框，如图 7-14 所示。默认各参数，单击【确定】按钮。

图 7-12　扭转弹簧模型　　　　图 7-13　新建仿真　　　　图 7-14　【环境】对话框

2. 创建连杆

（1）单击【主页】选项卡【机构】面组上的【连杆】按钮，打开【连杆】对话框，如图 7-15 所示。

（2）在视图区选择长方体作为连杆，如图 7-16 所示。

（3）单击【连杆】对话框中的【确定】按钮，完成连杆的创建。

图 7-15　【连杆】对话框　　　　图 7-16　创建连杆

3. 创建旋转副

（1）单击【主页】选项卡【机构】面组上的【接头】按钮，打开【运动副】对话框，如图 7-17 所示。

（2）单击【选择连杆】选项，在视图区选择连杆 L001。

（3）单击【指定原点】选项，在视图区选择 L001 上转轴的圆心点，如图 7-18 所示。

图 7-17　【运动副】对话框　　　　　　　　图 7-18　指定原点

（4）单击【指定矢量】选项，选择 L001 转轴的柱面，使方向指向轴心。

（5）单击【运动副】对话框中的【确定】按钮，完成旋转副的创建。

4.　创建弹簧

（1）单击【主页】选项卡【连接器】面组上的【弹簧】按钮 ，打开【弹簧】对话框。

（2）在【连接件】下拉列表框中选择【旋转副】类型，如图 7-19 所示。

（3）单击【选择旋转副】选项，选择旋转副 J001，如图 7-20 所示。

图 7-19　【弹簧】对话框　　　　　　　　图 7-20　选择旋转副

（4）在【刚度】文本框中输入 0.1，预载角度默认为零。

说明 | 　除连杆类型外，旋转副和滑动副不需要指定弹簧的原始长度。自由角度（长度）的含义是运动副预加载的变形角度（长度）。

（5）单击【弹簧】对话框中的【确定】按钮，完成弹簧力的创建。

5. 动画分析

（1）单击【主页】选项卡【解算方案】面组上的【解算方案】按钮，打开【解算方案】对话框。

（2）单击指定方向按钮，指定重力的方向，如图 7-21 所示。

（3）在【解算方案选项】选项卡文本框中输入时间为 5，步数为 500。

（4）勾选【按"确定"进行求解】复选框，如图 7-22 所示。

图 7-21　指定方向　　　　　　　　图 7-22　【解算方案】对话框

（5）单击【解算方案】对话框中的【确定】按钮，完成解算方案。

（6）单击【结果】选项卡【动画】面组上的【播放】按钮，开始模型的动画分析，如图 7-23 所示。

图 7-23　动画效果（0.1s、0.2s、2s）

（7）单击【结果】选项卡【动画】面组上的【完成】按钮，完成当前模型的解算。

试验结果 | 　松手后，小球随着重力和扭转弹簧力的作用，不停地周期性摆动，直到停止，本实例使用图 7-24 演示小球的位移变化。

图 7-24　位移图标

7.1.5　弹簧柔性变形动画

在 UG NX 运动仿真内的物体都是刚性的，不能模拟弹簧的柔性变形。本小节将在建模模块中采用参数化动画来实现弹簧的柔性变形，它是通过改变螺旋线的节距大小来实现弹簧的变形。具体的步骤如下。

扫码看视频

1.　创建表达式

（1）启动 UG NX 12，打开 Motion /chapter7 /7.1 / Spring-1.prt，出现弹簧模型，如图 7-25 所示。

（2）单击【工具】选项卡【实用工具】面组上的【表达式】按钮 ，打开【表达式】对话框，如图 7-26 所示。

图 7-25　弹簧

图 7-26　【表达式】对话框

（3）新建表示式名称为 FrameNumber，公式为 10，如图 7-27 所示。

（4）单击【应用】按钮，完成 FrameNumber 的定义。

说明　FrameNumber 是描述参数化动画播放的变量，若 FrameNumber=10，则 FrameNumber 在播放动画时，值从 1 ～ 11 变化。

（5）在【表达式】列表框中查找螺旋形螺距的公式，将 P16=2 更改为 P16= FrameNumber，如图 7-28 所示。

（6）单击【表达式】对话框中的【确定】按钮，完成螺旋形节距的定义。

图 7-27　指定矢量

图 7-28　【表达式】对话框

2. 创建弹簧动画

（1）选择【菜单】→【视图】→【可视化】→【创建动画】命令，打开【高质量图像动画】对话框，如图 7-29 所示。

（2）单击【重新定义】按钮，单击【关键帧】按钮，打开【关键帧】对话框，如图 7-30 所示。

（3）输入关键帧名称为 FrameNumber，步数为 10。

（4）单击【添加 / 复制】按钮，把 FrameNumber 加入关键帧，如图 7-31 所示。

（5）单击【关键帧】对话框中的【确定】按钮，完成关键帧的定义。

（6）单击【参数】按钮，打开【编辑参数】对话框。

（7）勾选【更新表达式】复选框，根据关键帧的变化更新 FrameNumber 的值，如图 7-32 所示。

（8）单击【编辑参数】对话框中的【确定】按钮，完成编辑参数的定义。

（9）在【高质量图像动画】对话框中单击【生成动画】按钮，打开【生成动画】对话框，如图 7-33 所示，从 0 ～ 9 共有 10 帧。

（10）单击【生成动画】对话框中的【确定】按钮，以默认的参数生成动画。

（11）单击【预览动画】按钮，打开【预览动画】对话框，如图 7-34 所示。

图 7-29　【高质量图像动画】对话框　　图 7-30　【关键帧】对话框（一）　　图 7-31　【关键帧】对话框（二）

图 7-32　【编辑参数】对话框　　　图 7-33　【生成动画】对话框　　　图 7-34　【预览动画】对话框

（12）单击【播放】按钮，弹簧的节距值 FrameNumber 从 1 ～ 11 逐渐增大，开始弹簧柔性变形，如图 7-35 所示。

（13）单击【预览动画】对话框中的【确定】按钮，完成弹簧柔性变形动画的创建。

图 7-35　弹簧变形（第 1、3、5、7 步）

7.1.6 衬套

衬套（Bushing）是定义两个连杆之间的弹性关系机构对象，衬套类似于骨骼的骨关节。骨关节之间有一定的弹性和韧性，可以在一定范围内转动、拉伸和缩短。在仿真运动衬套用于建立柔性的运动副，或给机构加一些约束、补偿自由度。

1. 衬套的自由度

衬套也相当于运动副，只是它没有完全限制任何一个自由度。衬套连接的物体能在任何矢量内运动，但是某个矢量受到刚度、阻尼和载荷的约束。衬套连接的两个连杆之间具有 6 个自由度。

- 沿 X、Y、Z 方向的平移自由度。
- 沿 X、Y、Z 轴的旋转自由度，如图 7-36 所示。

图 7-36　衬套的自由度

说明	两个连杆中的一个必须要固定（接地），否则不能创建衬套。

2. 衬套的类型

6 个自由度由刚度、阻尼和载荷 3 个参数约束，一共需要 18 个参数控制。为了简化输入参数，衬套分为柱坐标和常规两个类型，具体的含义如下。

- 柱坐标衬套：需要定义 4 种运动类型和刚度、阻尼系数，一共需要 8 个参数。
- 常规衬套：需要定义 X、Y、Z 的平移和旋转和刚度、阻尼、载荷系数，一共需要 18 个参数。

7.1.7 创建衬套

扫码看视频

本实例将讲解衬套的创建，模拟推动操纵杆模型的动画分析，操纵杆模型如图 7-37 所示。具体的步骤如下。

1. 新建仿真

（1）启动 UG NX 12，打开 Motion /chapter7 /7.1/ Bushing.prt。

（2）单击【应用模块】选项卡【仿真】面组上的【运动】按钮，进入运动仿真界面。

（3）在资源导航器中选择【运动导航器】，右击运动仿真 Bushing 图标，选择【新建仿真】。

（4）选择【新建仿真】后，软件自动打开【新建仿真】对话框，单击【确定】按钮，打开【环境】对话框，如图 7-38 所示。默认各参数，单击【确定】按钮。

图 7-37　操纵杆模型

图 7-38　【环境】对话框

2. 创建连杆

（1）单击【主页】选项卡【机构】面组上的【连杆】按钮，打开【连杆】对话框，如图 7-39 所示。

（2）在视图区选择操纵杆为连杆 L001，如图 7-40 所示。

图 7-39　【连杆】对话框

图 7-40　创建连杆

（3）单击【连杆】对话框中的【应用】按钮，完成连杆 L001 的创建。

（4）在视图区选择底座作为连杆 L002。

（5）在【连杆】对话框中勾选【无运动副固定连杆】复选框，单击【确定】按钮，完成连杆 L002 的创建。

3. 创建衬套

（1）单击【主页】选项卡【连接器】面组上的【衬套】按钮，或选择【菜单】→【插入】→【连接器】→【衬套】命令，打开【衬套】对话框，如图 7-41 所示。

（2）单击【选择连杆】选项，在视图区选择 L001。

（3）单击【指定原点】选项，在视图区选择关节的球点，如图 7-42 所示。

（4）单击【指定矢量】选项，选择系统提示的 Z 轴，如图 7-43 所示。

（5）在【基本】选项卡中单击【选择连杆】选项，在视图区选择 L002，如图 7-44 所示。

图 7-41　【衬套】对话框

图 7-42　指定原点

图 7-43　指定矢量

图 7-44　选择连杆

（6）单击【指定原点】选项，在视图区选择关节的球点。

（7）单击【刚度】标签，打开【刚度】选项卡，各选项设置如图 7-45 所示。

（8）单击【阻尼】标签，打开【阻尼】选项卡，如图 7-46 所示。

图 7-45　【刚度】选项卡

图 7-46　【阻尼】选项卡

（9）单击【衬套】对话框中的【确定】按钮，完成衬套的创建。

4．创建矢量力

（1）单击【主页】选项卡【加载】面组上的【矢量力】按钮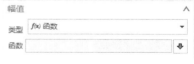，打开【矢量力】对话框，如图 7-47 所示。

（2）在【操作】选项，单击【选择连杆】选项，在视图区选择连杆 L001。

（3）单击【指定原点】选项，在绘图区选择手柄球心点。

（4）在【参考】选项，单击【选择连杆】选项，在视图区选择连杆 L001。

（5）单击【指定原点】选项，在绘图区选择手柄球心点。单击【指定矢量】选项，选择 X 轴方向，如图 7-48 所示。

图 7-47　【矢量力】对话框

图 7-48　选择原点和方位

（6）在【幅值】选项卡的【类型】下拉列表框中选择【函数】类型，如图 7-49 所示。

（7）单击【函数】右侧按钮，选择【函数管理器】类型，打开【XY 函数管理器】对话框，如图 7-50 所示。

（8）单击【新建】按钮，打开【XY 函数编辑器】对话框。

（9）在【插入】下拉列表框中选择【运动函数】类型，在列表框中选择简谐 SHF 类型。

图 7-49　【幅值】选项卡

（10）单击【添加】按钮，加入 SHF 函数。

（11）在【公式】文本框中，将 SHF 修改为 SHF（x，0，30，10，0，0），如图 7-51 所示。

（12）单击【XY 函数编辑器】对话框中的【确定】按钮，完成编辑。

（13）单击【矢量力】对话框中的【确定】按钮，完成力的定义，它将以周期性的力推动手柄。

图 7-50　【XY 函数管理器】对话框

图 7-51　【XY 函数编辑器】对话框

5. 动画分析

（1）单击【主页】选项卡【解算方案】面组上的【解算方案】按钮，打开【解算方案】对话框。

（2）在【解算方案选项】选项卡文本框中输入时间为 3，步数为 300。

（3）勾选【按"确定"进行求解】复选框，如图 7-52 所示。

（4）单击【解算方案】对话框中的【确定】按钮，完成解算方案。

（5）单击【结果】选项卡【动画】面组上的【播放】按钮，开始运动仿真动画，如图 7-53 所示。

（6）单击【结果】选项卡【动画】面组上的【完成】按钮，完成当前模型的解算。

图 7-52　【解算方案】对话框

图 7-53　动画效果（0.1s、0.31s、0.47s）

试验结果：由于手柄被衬套连接在底座上，手柄被固定在底座上。在力的推动下，手柄周期摆动，又由于衬套的反作用使手柄摆动不至于激烈，如果撤销力，则手柄复原。

7.2 阻尼连接

阻尼类似于摩擦力，它能消耗能量逐步降低运动的速度。例如飞机降落时，放出的减速伞迅速让飞机停止；汽车行驶在泥泞的路上会严重降低行驶的速度。

7.2.1 阻尼

阻尼（Damper）是运动机构的命令，它和一般的滑动摩擦力不同之处是阻力不是恒定的。阻尼力对物体的运动起反作用，作用力和物体运动的速度有关，方向和物体运动方向相反，阻尼力公式如下：

$$F = Cv$$

其中 C 表示阻尼系数；v 表示物体的运动速度。

在公制单位中，阻尼力的单位是 N。

$$F = C\ (\text{N} \cdot \text{s/mm}) \cdot V\ (\text{mm/s})$$

7.2.2 创建阻尼

本实例试验汽车在紧急情况下的刹车状态，试验时设置一定的阻力使汽车不冲出模拟的地面。其中汽车刹车时的阻力使用阻尼力模拟。试验的只需要定义推力和阻尼，其他连杆、滑动副已经创建。具体的步骤如下。

扫码看视频

1. 创建阻尼器

（1）启动 UG NX 12，打开 Motion /chapter7 /7.2 / Damper/ motion_1.sim，出现汽车模型，如图 7-54 所示。

（2）单击【主页】选项卡【连接器】面组上的【阻尼器】按钮，打开【阻尼器】对话框。

（3）在【连接件】下拉列表框中选择【滑动副】类型，如图 7-55 所示。

（4）在视图区或导航器中选择滑动副 J001，如图 7-56 所示。

（5）在【类型】下拉列表框中选择【表达式】，在【表达式】文本框中输入 0.5。

（6）单击【阻尼器】对话框中的【确定】按钮，完成阻尼的创建。

图 7-54 汽车模型

2. 创建矢量力

（1）单击【主页】选项卡【加载】面组上的【矢量力】按钮，打开【矢量力】对话框，如图 7-57 所示。

图 7-55 【阻尼器】对话框

图 7-56 选择滑动副

图 7-57 【矢量力】对话框

（2）在【操作】选项卡，单击【选择连杆】选项，在视图区选择连杆 L001，注意单击面的中心，如图 7-58 所示。

（3）在【参考】选项卡，单击【选择连杆】选项，在视图区选择连杆 L001，单击【指定原点】选项，在"指定点"下拉列表中选择"面上的点"，选择如图 7-58 所示的面，单击【指定矢量】选项，选择与 X 轴垂直的实体表面。

（4）在【幅值】选项卡的【类型】下拉列表框中选择【函数】类型，如图 7-59 所示。

（5）单击【函数】右侧的按钮 ，选择【函数管理器】类型，打开【XY 函数管理器】对话框，如图 7-60 所示。

图 7-58 选择面

图 7-59 【幅值】选项卡

图 7-60 【XY 函数管理器】对话框

（6）单击【新建】按钮 ⌐，打开【XY 函数编辑器】对话框。

（7）在【插入】下拉列表框中选择【运动函数】类型，并在列表框中选择 STEP 类型。

（8）单击【添加】按钮 ✦，加入 STEP 函数。

（9）在【公式】文本框中，将 STEP 修改为 STEP（x, 0，3，2，0），如图 7-61 所示。

| @ 说明 | 由于 UG NX 12 无法定义汽车行驶时的动量，本实例使用 STEP 函数将推力逐渐降低，以达到创建汽车动量的目的。 |

（10）单击【XY 函数编辑器】对话框中的【确定】按钮，完成编辑。

（11）单击【矢量力】对话框中的【确定】按钮，完成力的定义。

3．动画分析

（1）单击【主页】选项卡【解算方案】面组上的【求解】按钮 🗐，求解出当前解算方案的结果。

（2）单击【结果】选项卡【动画】面组上的【播放】按钮 ▶，开始运动仿真动画，如图 7-62 所示。

（3）单击【结果】选项卡【动画】面组上的【完成】按钮 🏁，完成当前模型的解算。

试验结果：汽车在 0.5s 后冲出模拟地面，1.9s 后停止，说明阻尼力过小。修改阻尼力为 1 重新解算，汽车在 1.7s 后停止，且不超出模拟地面，汽车的速度变化，如图 7-63 所示。

图 7-61　【XY 函数编辑器】对话框

图 7-62　动画效果

图 7-63　速度变化表

7.3 接触单元

在 UG NX 运动仿真中，如果没有定义接触单元，连杆在发生相碰情况并不会反弹，而是直接透入而过。这样严重地降低了试验的真实性。对于两物体之间的接触问题，可以使用接触单元（2D接触、3D接触）解决，只是解算的时间比较长。

7.3.1 2D 接触原理

2D 接触（2D Contacts）是二维平面中的接触命令，它的约束在线与线上副命令一样，都是选择两组平面的曲线。运动时曲线与曲线相互接触，如图 7-64 所示。

2D 接触同线与线上副相比，能更精确地描述机构的运动，运动时能定义摩擦、阻尼等，甚至还允许运转时分离。2D 接触的参数比较多，具体的含义如下。

- 刚度：物体穿透材料所需要的力。刚度越大，材料硬度越大。
- 力指数：用于计算法向力，ADAMS 解释器会使用力指数计算材料的刚度对瞬间法向力的作用。力指数必须大于 1，对于钢，一般给定 1.1 到 1.3。
- 材料阻尼：代表碰撞中负影响的量。材料阻尼必须大于或等于零，值越大，物体跳动越小。
- 穿透深度：用于计算法向力，定义解算器达到完全阻尼系数时的接触穿透深度。此值必须大于零，但是值很小，一般为 0.001 左右。
- 接触曲线属性：系统在每个迭代中检查的点数，软件会在下方显示曲线划分的点数，设置时一般不要大于显示的值，如图 7-65 所示。

图 7-64　2D 接触

图 7-65　接触曲线属性

7.3.2 创建 2D 接触

本实例对凸轮的运动进行模拟，使用 2D 接触连接机构。试验只需要定义 2D 接触，其他连杆、运动副已经创建。具体的步骤如下。

1. 创建 2D 接触

（1）启动 UG NX 12，打开 Motion /chapter7/7.3/ 2D/ motion_1.sim，出现 2D 接触模型，如图 7-66 所示。

扫码看视频

图 7-66　2D 接触模型

（2）选择【菜单】→【插入】→【接触】→【2D 接触】命令，打开【2D 接触】对话框，如图 7-67 所示。

（3）选择第一组曲线，方向向上。

（4）在【底数】选项卡中单击【选择平面曲线】按钮，选择第二组曲线，方向向内，如图 7-68 所示。

图 7-67　【2D 接触】对话框

图 7-68　弹簧

（5）在【参数】选项卡中输入相应的值，如图 7-69 所示。

（6）单击【2D 接触】对话框中的【确定】按钮，完成 2D 接触的创建。

2．动画分析

（1）单击【主页】选项卡【解算方案】面组上的【解算方案】按钮，打开【解算方案】对话框。

（2）在【解算方案选项】选项卡文本框中输入时间为 3，步数为 300。

（3）勾选【按"确定"进行求解】复选框，如图 7-70 所示。

（4）单击【解算方案】对话框中的【确定】按钮，完成解算方案。

图 7-69　【参数】选项卡

图 7-70　【解算方案】对话框

（5）单击【结果】选项卡【动画】面组上的【播放】按钮，开始运动仿真动画，如图 7-71 所示。

（6）单击【结果】选项卡【动画】面组上的【完成】按钮，完成当前模型的动画分析。

图 7-71　动画效果（0.1s、0.16s）

7.3.3　3D 接触原理

3D 接触（3D Contacts）是运动仿真中的一个特征，它可以创建实体与实体之间的接触。一个物体和多个物体碰撞或接触生成的接触力和运动响应，由 5 个因素决定。

- 接触物体的刚度（Stiffness）：k。
- 力指数（Force of Nonlinear Stiffness）：e。
- 最大穿透深度（Penetration Depth）：x。
- 阻尼（Damper）：最大阻尼系数。
- 摩擦：静摩擦系数（Coefficient of Static）和动摩擦系数（Coefficient of Dynamic）。

1. 接触力原理

接触力受 5 个因素的影响，它们之间有一定的关系，接触力原理方程公式如下：

$$F(\text{contact})=k\,x^{e}$$

其中 k、x、e 由用户定义和控制，F 的大小就可以确定。

要注意的是，接触力方程还可以使用阻尼、摩擦修正。

- 阻尼：它对接触运动的响应起负作用。阻尼由用户定义，它作为穿透深度的函数逐渐起作用。当穿透深度为零时，阻尼也为零。当穿透深度为最大时，阻尼也为最大。
- 摩擦：摩擦对接触表面之间的滑动或滑动趋势起阻碍作用。在接触的瞬间，静摩擦（较大的摩擦系数）作用在接触表面，物体运动后为动摩擦（较小的摩擦系数）。

2. 接触参数

指定接触参数是难以控制的问题，它需要收集各种材料的性能数据，还需要根据经验分析处理。一般可以默认原先的参数。

- 刚度：可以简单认为是抗变形的能力。刚度值软件可以根据指定的材料、质量等自动计算，例如钢和钢接触为 10^{7}。刚度太大，ADAMS 求解器计算很困难，在允许的情况下，刚度值尽量设置大些。指定刚度时，可以根据经验数据，如果没有经验数据，可以在接触材料指南中提供的样本值开始。在对要使用的适当刚度值进行排除时，应将该值递增乘以或除以系数 10。
- 最大穿透深度：穿透深度是接触力 F（contact）$=k\,x^{e}$ 的重要参数，它是允许物体进入接触面的深度。在最大深度时，会出现最大阻尼，为了消除不连续性，通常穿透值设置得很小，在 0.01 左右。
- 力指数：力指数 e 是接触力的一个参数，使接触力的响应为非线性变化。指数小于 1，降低接触力和运动响应；指数大于 1，增加接触力和运动响应，如图 7-72 所示。
- 材料阻尼：阻尼力对接触运动响应为负作用，软件不默认分配阻尼系数。用户在定义时，较好的办法是设置为刚度值的0.1%。

图 7-72　力指数

7.3.4　创建 3D 接触

本实例对物体进行碰撞试验，试验时只需要定义 3D 接触，其他连杆、
运动副已经创建。具体的步骤如下。

1. 创建 3D 接触

（1）启动 UG NX 12，打开 Motion /chapter7 /7.3 /3D/ motion_1.sim，出现如
图 7-73 所示的模型。

（2）单击【主页】选项卡【接触】面组上的
【3D 接触】按钮 ，或选择【菜单】→【插入】→
【接触】→【3D 接触】，打开【3D 接触】对话框，
如图 7-74 所示。

图 7-73　模型

（3）选择第一个实体 L001。

（4）在【基本】选项卡中单击【选择体】选项，选择第二实体 L002。

（5）在【参数】选项卡中输入相应的值，如图 7-75 所示。

图 7-74　【3D 接触】对话框

图 7-75　【参数】选项卡

（6）单击【3D 接触】对话框中的【确定】按钮，完成 3D 接触的创建。

（7）按照相同的步骤完成 L002 与 L003 的 3D 接触创建，如图 7-76 所示。

2. 动画分析

（1）单击【主页】选项卡【解算方案】面组上的【解算方案】按钮 ，打开【解算方案】对话框。

（2）在【解算方案选项】选项卡文本框中输入时间为 3，步数为 3000。

（3）勾选【按"确定"进行求解】复选框，如图 7-77 所示。

（4）单击【解算方案】对话框中的【确定】按钮，完成解算方案。

（5）单击【结果】选项卡【动画】面组上的【播放】按钮 ，开始运动仿真动画。长方体在推
力的作用下碰撞弹簧挡块，达到力的平衡后长方体开始反弹，如图 7-78 所示。

（6）单击【结果】选项卡【动画】面组上的【完成】按钮 ，完成当前模型的动画分析。

（7）弹簧挡块在模型当中受到弹簧力，撞击时的受力图表如图 7-79 所示。

图 7-76　创建 3D 接触

图 7-77　【解算方案】对话框

图 7-78　动画效果（0.7s、1.3s、2.6s、3s）

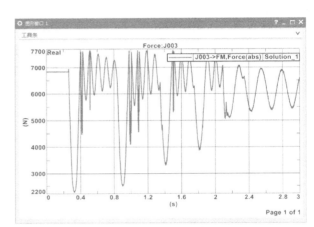

图 7-79　力变化图表

7.4　实例——离合器

离合器可以控制两转轴之间扭矩的接触和分离、防止过载等功能。本节将对离合器进行运动分析，模拟离合器接触的过程如图 7-80 所示。

扫码看视频

图 7-80　离合器

7.4.1　离合器运动分析

当脚踏下离合板后，从离合器片向主离合器片方向运动，接触后随主离合器片一起转动。其中的脚踏下离合板使用标量扭矩模拟。

　　由于离合器模型零件较多，在创建运动仿真前有必要先分析出连杆、运动副等。创建运动仿真的分析思路如下。

　　（1）连杆的划分。在整个仿型运动机构模型内找出参与运动的部件，并划分为连杆，一共是 6 个，如图 7-81 所示。所有的零件都要创建为连杆，其中 L006 要包含主离合器片与转轴两部分。

　　（2）运动副的划分。主要的方法是根据设计要求进行主、从运动的设定，以及具体的形式推断，如图 7-82 所示。

图 7-81　划分连杆　　　　　　　　　　　图 7-82　划分运动副

- J001 为第一个运动副，属于旋转副类型。它在脚踏后旋转，使用标量扭矩模拟。
- J002、J003 为旋转副类型，分别咬合 L001、L003。
- J004、J005 为滑动副类型，其中 J004 咬合 L005 后既可以滑动又可以旋转。
- J006、J007 为旋转副类型，都需要接地，以免随重力掉下。

　　（3）运动的传递。定义完运动副之后，不能达到正确的运动仿真结果，还需要定义必要的运动的传递，如图 7-83 所示。

图 7-83　运动的传递

- 脚踏离合器所需的力，使用标量扭矩 T001 定义。
- 连杆 L003 受力后要推动连杆 L004，需要创建 3D 接触 G001。
- 连杆 L004 受力后贴合 L006 一起旋转，需要创建 3D 接触及较大的摩擦力 G002。
- L003 向 L006 运动时不能太快，需要加阻尼 D001。

7.4.2　创建连杆

离合器模型需要创建 6 个连杆，随运动的传递方向依次创建，具体的步骤如下。

1. 新建仿真

（1）启动 UG NX 12，打开 Motion /chapter7 /7.4 /clutch.prt。

（2）单击【应用模块】选项卡【仿真】面组上的【运动】按钮，进入运动仿真界面。

（3）在资源导航器中选择【运动导航器】，右击运动仿真 clutch 图标，选择【新建仿真】。

（4）选择【新建仿真】后，软件自动打开【环境】对话框。默认各参数，单击【确定】按钮。

2. 创建连杆

（1）单击【主页】选项卡【机构】面组上的【连杆】按钮，打开【连杆】对话框。

（2）在视图区选择脚踏板为连杆 L001，如图 7-84 所示。

（3）单击【连杆】对话框中的【应用】按钮，完成连杆 L001 的创建。

（4）在视图区选择传递杆为连杆 L002。

（5）单击【连杆】对话框中的【应用】按钮，完成连杆 L002 的创建。

（6）在视图区选择滑动杆为连杆 L003。

（7）单击【连杆】对话框中的【应用】按钮，完成连杆 L003 的创建。

说明　　L003 和 L004 之间可以传递推力，但是不能传递扭矩，因此不能定义为一个连杆。

（8）在视图区选择从离合器片为连杆 L004，如图 7-85 所示。

（9）单击【连杆】对话框中的【应用】按钮，完成连杆 L004 的创建。

（10）在视图区选择从动轴为连杆 L005。

（11）单击【连杆】对话框中的【应用】按钮，完成连杆 L005 的创建。

（12）在视图区选择主离合器片和转轴为连杆 L006，如图 7-86 所示。

（13）单击【连杆】对话框中的【确定】按钮，完成连杆 L006 的创建。

图 7-84　创建连杆

图 7-85　连杆 L004

图 7-86　连杆 L006

7.4.3　创建运动副

离合器模型需要创建 7 个运动副，如图 7-87 所示。连杆 L003、L004、L005 为滑动副、其余 4 个为旋转副。具体的步骤如下。

1．创建旋转副 1

（1）单击【主页】选项卡【机构】面组上的【接头】按钮 ，打开【运动副】对话框，如图 7-88 所示。

（2）单击【选择连杆】选项，在视图区选择连杆 L001。

（3）单击【指定原点】选项，在视图区选择 L001 上转轴圆心点为原点。

（4）单击【指定矢量】选项，选择转轴的柱面，使 Z 轴沿轴心，如图 7-89 所示。

（5）单击【运动副】对话框中的【确定】按钮，完成旋转副创建。

2．创建旋转副 2

（1）单击【主页】选项卡【机构】面组上的【接头】按钮 ，打开【运动副】对话框。

（2）单击【选择连杆】选项，在视图区选择连杆 L002。

（3）单击【指定原点】选项，在视图区选择 L002 连接踏板的转轴圆心点，如图 7-90 所示。

图 7-87　创建运动副

图 7-88　【运动副】对话框

图 7-89　指定原点、矢量

图 7-90　指定原点

（4）单击【指定矢量】选项，选择转轴的柱面或端面使 Z 方向指向 Y 轴，如图 7-91 所示。

（5）在【底数】选项卡中勾选【啮合连杆】复选框，如图 7-92 所示。

图 7-91　指定矢量

图 7-92　【底数】选项卡

（6）单击【选择连杆】选项，在视图区选择连杆 L001，采用和连杆 L002 相同的原点和矢量。

（7）单击【运动副】对话框中的【应用】按钮，完成旋转副 J002 创建。

（8）按照相同的步骤完成传递连杆与滑动杆之间旋转副 J003 的创建，其中 L003 需要咬合 L002。

3．创建滑块副 1

（1）单击【主页】选项卡【机构】面组上的【接头】按钮，打开【运动副】对话框，如图 7-93 所示。

（2）在【类型】下拉列表框中选择【滑块】类型。

（3）单击【选择连杆】选项，在视图区选择连杆 L003。

（4）单击【指定原点】选项，在视图区选择连杆 L003 的圆心点，如图 7-94 所示。

（5）单击【指定矢量】选项，选择连杆 L003 的平行 X 轴的线性边缘或柱面。

（6）单击【运动副】对话框中的【应用】按钮，完成滑块副创建。

（7）按照相同的步骤创建从离合器片的滑块副 J005，并咬合连杆 L005。

图 7-93　【运动副】对话框

4．创建滑块副 2

（1）单击【主页】选项卡【机构】面组上的【接头】按钮，打开【运动副】对话框。

（2）在【类型】下拉列表框中选择【旋转副】类型。

（3）单击【选择连杆】选项，在视图区选择连杆 L005。

（4）单击【指定原点】选项，在视图区选择 L005 右端的圆心点。

（5）单击【指定矢量】选项，选择柱面或端面使 Z 方向指向 X 轴，如图 7-95 所示。

图 7-94　指定原点

图 7-95　指定矢量

（6）单击【运动副】对话框中的【确定】按钮，完成旋转副 J006 创建。

（7）按照相同的步骤完成主离合器片旋转副 J007 的创建，如图 7-96 所示。加上驱动，如图 7-97 所示。

图 7-96　指定原点、矢量

图 7-97　【运动副】对话框

7.4.4　创建连接器与力

定义运动副之后，还需要定义必要的力和各种力的传递。如脚踏离合器所需的力、两离合器片的 3D 接触、滑动杆和从离合器片的 3D 接触、滑动杆的阻尼力。

1. 标量扭矩

（1）单击【主页】选项卡【加载】面组上的【标量扭矩】按钮 ⟳，打开【标量扭矩】对话框。

（2）单击【选择运动副】选项，在视图区选择 J001 运动副，如图 7-98 所示。

（3）在【值】文本框中输入 200，施加 200N 的扭矩，如图 7-99 所示。

（4）单击【标量扭矩】对话框中的【确定】按钮，完成扭矩的定义。

图 7-98　选择运动副

图 7-99　【标量扭矩】对话框

2. 创建 3D 接触

（1）单击【主页】选项卡【接触】面组上的【3D 接触】按钮 ，打开【3D 接触】对话框，如图 7-100 所示。

（2）在【基本】选项卡中输入相应的值。

（3）选择第一个实体 L003。

（4）在【基本】选项卡中单击【选择体】选项，选择第二个实体 L004，如图 7-101 所示。

（5）单击【3D 接触】对话框中的【确定】按钮，完成 3D 接触的创建。

（6）按照相同的步骤完成 L004 与 L006 的 3D 接触创建，如图 7-102 所示。设置相关参数，如图 7-103 所示。

图 7-100　【3D 接触】对话框

图 7-101 选择实体（一）

图 7-102 选择实体（二）

3. 创建阻尼器

（1）单击【主页】选项卡【连接器】面组上的【阻尼器】按钮🖉，打开【阻尼器】对话框。

（2）在【连接件】下拉列表框中选择【滑动副】类型，如图 7-104 所示。

（3）在视图区中选择滑动副 J004，如图 7-105 所示。

（4）在【表达式】文本框中输入 2。

（5）单击【阻尼器】对话框中的【确定】按钮，完成阻尼的创建。

图 7-103 【参数】选项卡

图 7-104 【阻尼器】对话框

图 7-105 选择滑动副

7.4.5 动画分析

完成运动副的创建，接下来解算模型的运动是否符合要求，以及运动的相关参数输出和调整等，具体步骤如下。

（1）单击【主页】选项卡【解算方案】面组上的【解算方案】按钮，打开【解算方案】对话框。

（2）在【解算方案选项】选项卡文本框中输入时间为 2.5，步数为 2500。

（3）勾选【按"确定"进行求解】复选框，如图 7-106 所示。

说明　　由于多个 3D 的存在，解算时间比较长，可以适当地调整较大的误差、步长等加快解算过程。一般存在 3D 接触解算的步数是时间的 1000 倍，否则仿真失真。

（4）单击【解算方案】对话框中的【确定】按钮，完成解算方案。

（5）单击【结果】选项卡【动画】面组上的【播放】按钮，开始离合器的动画分析，如图 7-107 所示。

（6）单击【结果】选项卡【动画】面组上的【完成】按钮，完成离合器的动画分析。

图 7-106　【解算方案】对话框

图 7-107　动画效果（左闭合前、右闭合后）

7.4.6　图表输出

完成离合器的解算，可以使用图表命令得出必要的参数在运动过程中的变化状态，本实例对从离合器片进行如下分析。

- 从离合器片的受力情况。
- 从离合器片的转动的角速度。
- 从离合器片的转动的 X 方向位移。

（1）单击【分析】选项卡【运动】面组上的【仿真】下拉菜单中的【XY 结果】按钮，打开【XY 结果视图】面板。

（2）在【运动导航器】列表框中选择滑动副 J005，在【XY 结果视图】面板中选择【绝对】类型中的【力】类型。

（3）在【力】类型中选择【FX】，如图 7-108 所示。

（4）将鼠标指针放在 FX 上，右击选择【绘图】命令，弹出【查看窗口】对话框，如图 7-109 所示。选择绘图区为结果窗口，弹出力的图表，如图 7-110 所示。

图 7-108 【XY 结果视图】面板

图 7-109 查看窗口

（5）X 轴为时间、Y 轴为力。从图 7-110 中可以看出在 0.25s 以后两离合器片接触，由于摩擦、阻尼等诸多因素的影响使接触力不恒定，在 0.5s 后接触力保持恒定状态。

（6）在【运动导航器】列表框中选择滑动副 J005，在【XY 结果视图】面板中选择【相对】类型中的【位移】类型。

（7）在【位移】类型中选择【X】类型。

（8）将鼠标指针放在【X】类型上，右击选择【绘图】命令，弹出【查看窗口】对话框，选择【新建窗口】。计算得出位移的图表，如图 7-111 所示。

（9）在【运动导航器】列表框中选择滑动副 J005，在【XY 结果视图】面板中选择【相对】类型中的【速度】类型。

（10）在【速度】类型中选择【角度幅值】类型。

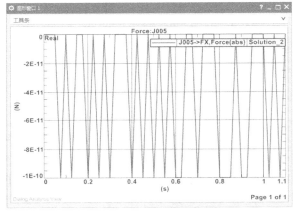

图 7-110 力的图表

（11）将鼠标指针放在角度幅值上，右击选择【绘图】命令，弹出【查看窗口】对话框，选择【新建窗口】。计算得出速度的图表，如图 7-112 所示。

图 7-111 位移的图表

图 7-112 速度的图表

7.5 实例——撞击试验

本节将模拟椎体撞击栅栏的试验，当椎体运动时，推动栅栏旋转。其中栅栏上带一警灯，警灯和栅栏为非刚性的连接，可以晃动。试验的目的如下。

扫码看视频

- 输出椎体在撞击栅栏后的运动轨迹。
- 验证警灯的连接状态是否可靠。

7.5.1 创建连杆

撞击试验模型需要创建 3 个连杆，分别是椎体、栅栏和警灯，具体的步骤如下。

1. 新建仿真

（1）启动 UG NX 12，打开 Motion /chapter7/7.5/zj.prt。

（2）单击【应用模块】选项卡【仿真】面组上的【运动】按钮 ，进入运动仿真界面。

（3）在资源导航器中选择【运动导航器】，右击运动仿真 zj 图标，选择【新建仿真】，如图 7-113 所示。

（4）选择新建仿真后，软件自动打开【新建仿真】对话框，单击【确定】按钮，打开【环境】对话框，如图 7-114 所示。默认各参数，单击【确定】按钮。

2. 创建连杆

（1）单击【主页】选项卡【机构】面组上的【连杆】按钮 ，打开【连杆】对话框。

（2）在视图区选择椎体为连杆 L001，如图 7-115 所示。

图 7-113 运动导航器   图 7-114 【环境】对话框   图 7-115 创建连杆

（3）单击【连杆】对话框中的【应用】按钮，完成连杆 L001 的创建。

（4）在视图区选择栅栏为连杆 L002。

（5）单击【连杆】对话框中的【应用】按钮，完成连杆 L002 的创建。

（6）在视图区选择警灯为连杆 L003。

说明	实际情况下，警灯和栅栏之间的连接并不牢靠，为了验证这一情况，它们需要分别创建连杆。

（7）单击【连杆】对话框中的【确定】按钮，完成连杆 L003 的创建。

7.5.2 创建运动副

撞击试验模型需要创建两个运动副，如图 7-116 所示。椎体需要在平面上任意滑动，创建的运动副为平面副。栅栏绕轴旋转，需要创建旋转副。具体的步骤如下。

图 7-116 创建运动副

1. 创建平面副

（1）单击【主页】选项卡【机构】面组上的【接头】按钮，打开【运动副】对话框。

（2）在【类型】下拉列表框中选择【平面副】类型，如图 7-117 所示。

（3）单击【选择连杆】选项，在视图区选择连杆 L001。

（4）单击【指定矢量】选项，选择系统提示的 Z 轴，如图 7-118 所示。

（5）单击【运动副】对话框中的【确定】按钮，完成平面副创建。

图 7-117 【运动副】对话框

图 7-118 指定原点、矢量

2. 创建旋转副

（1）单击【主页】选项卡【机构】面组上的【接头】按钮，打开【运动副】对话框。

（2）在【类型】下拉列表框中选择【旋转副】类型，如图 7-119 所示。

（3）单击【选择连杆】选项，在视图区选择连杆 L002。

（4）单击【指定原点】选项，在视图区选择 L002 上转轴圆心点。

（5）单击【指定矢量】选项，选择转轴的柱面，如图 7-120 所示。

（6）单击【运动副】对话框中的【确定】按钮，完成旋转副创建。

图 7-119　【运动副】对话框

图 7-120　指定原点、矢量（一）

7.5.3　创建力与连接器

完成运动副的创建后，需要定义推动椎体的矢量力、栅栏的阻尼力、警灯和栅栏的衬套连接。具体的步骤如下。

1. 创建矢量力

（1）单击【主页】选项卡【加载】面组上的【矢量力】按钮，打开【矢量力】对话框，如图 7-121 所示。

（2）在【操作】选项，单击【选择连杆】选项，在视图区选择连杆 L001。

（3）单击【指定原点】选项，在绘图区选择椎体尾部圆心点。

（4）在【参考】选项，单击【选择连杆】选项，在视图区选择连杆 L001。

（5）单击【指定原点】选项，在绘图区选择椎体尾部圆心点，单击【指定矢量】选项，选择力的方向，选择系统提示的 X 轴或椎体柱面，如图 7-122 所示。

（6）在【值】文本框中输入 5，施加 5N 的力，如图 7-123 所示。

图 7-121　【矢量力】对话框

图 7-122　指定原点、矢量（二）

图 7-123　【幅值】选项卡

（7）单击【矢量力】对话框中的【确定】按钮，完成力的创建。

2. 创建阻尼器

（1）单击【主页】选项卡【连接器】面组上的【阻尼器】按钮 ，打开【阻尼器】对话框。

（2）在【连接件】下拉列表框中选择【旋转副】类型。

（3）选择旋转副 J002，如图 7-124 所示。

@ 说明	如果直接在绘图区选择 J002 比较困难，可以在运动导航器中选择。

（4）在【表达式】文本框中输入 0.5，如图 7-125 所示。

（5）单击【阻尼器】对话框中的【确定】按钮，完成阻尼的创建。

图 7-124　选择旋转副　　　　图 7-125　【阻尼器】对话框

3. 创建衬套

（1）单击【主页】选项卡【连接器】面组上的【衬套】按钮 ⊙，打开【衬套】对话框，如图 7-126 所示。

（2）单击【选择连杆】选项，在视图区选择 L003。

（3）单击【指定原点】选项，在视图区选择警灯和栅栏的连接点，如图 7-127 所示。

（4）单击【指定矢量】选项，选择系统提示的 Z 轴，如图 7-128 所示。

（5）在【基本】选项卡单击【选择连杆】选项，在视图区选择 L002。

（6）单击【指定原点】选项，在视图区选择警灯和栅栏的连接点。

（7）单击【刚度】标签，打开【刚度】选项卡。

（8）在径向表达式、扭转表达式文本框中各输入 10000，在纵向表达式、锥向表达式文本框中各输入 0.1，如图 7-129 所示。

（9）单击【阻尼】标签，打开【阻尼】选项卡，在径向表达式、扭转表达式文本框中各输入 10，在纵向表达式、锥向表达式文本框中各输入 0.01，如图 7-130 所示。

　　警灯和栅栏的连接在径向比较牢靠，因此刚度较大。在纵向连接松散，因此刚度较小。阻尼系数对应刚度是 0.1%。

（10）单击【衬套】对话框中的【确定】按钮，完成衬套的创建。

图 7-126　【衬套】对话框

图 7-127　指定原点

图 7-128　指定矢量

图 7-129　【刚度】选项卡

图 7-130　【阻尼】选项卡

4. 创建 3D 接触

（1）单击【主页】选项卡【接触】面组上的【3D 接触】按钮 ，打开【3D 接触】对话框，如图 7-131 所示。

（2）在【基本】和【高级】选项卡中输入相应的值，如图 7-132 所示。

图 7-131 【3D 接触】对话框

图 7-132 【参数】选项卡

（3）选择第一个实体 L001。

（4）在【基本】选项卡中单击【选择体】选项，选择第二个实体 L002，如图 7-133 所示。

（5）单击【3D 接触】对话框中的【确定】按钮，完成 3D 接触的创建。

图 7-133 选择实体

7.5.4 创建动画

完成运动副的创建，接下来解算模型的运动是否符合要求，具体步骤如下。

1．创建解算方案

（1）单击【主页】选项卡【解算方案】面组上的【解算方案】按钮🖋，打开【解算方案】对话框。

（2）在【解算方案选项】选项卡文本框中输入时间为 2，步数为 2000，如图 7-134 所示。

（3）单击【解算方案】对话框中的【确定】按钮，完成解算方案。

2．求解

单击【主页】选项卡【解算方案】面组上的【求解】按钮📄，求解出当前解算方案的结果。

3．创建动画

（1）单击【分析】选项卡【运动】面组上的【动画】按钮🦾，打开【动画】对话框，如图 7-135 所示。

图 7-134　【解算方案】对话框

图 7-135　【动画】对话框

（2）拖曳时间滑块，发现在 0.4s 时椎体撞穿栅栏。说明椎体速度过大，需要减少椎体的速度，如图 7-136 所示。

（3）单击【动画】对话框中的【关闭】按钮，完成椎体撞穿栅栏的解算。

图 7-136　动画效果

> **说明**　椎体撞穿栅栏是假象，在 UG NX 运动仿真模块中没有柔性的变形，实质上是发生了干涉。

7.5.5　修正参数

完成动画的创建，接下减少椎体运动的速度，修正动画中椎体撞穿栅栏的缺陷。具体的步骤如下。

1．修改矢量力

（1）在资源导航器中选择【运动导航器】，如图 7-137 所示。

（2）双击 G001，打开【矢量力】对话框。

（3）在【值】文本框中输入 3，施加 3N 的力，如图 7-138 所示。

（4）单击【矢量力】对话框中的【确定】按钮，完成力的修正。

图 7-137　运动导航器　　　　　　　　　　　图 7-138　【矢量力】对话框

2．动画分析

（1）单击【主页】选项卡【解算方案】面组上的【求解】按钮，求解出当前解算方案的结果。

（2）单击【结果】选项卡【动画】面组上的【播放】按钮，开始运动仿真动画。运动完成后，解决了椎体穿透栅栏问题，但是又发现以下两个问题。

- 在 0.6s 后停止栅栏的旋转，如图 7-139 所示。说明阻尼力过大，导致栅栏旋转不自然，需要减小阻尼系数。
- 警灯的摆动角过大，如图 7-140 所示。考虑到警灯可能会掉下来，需要增加纵向刚度。

（3）单击【结果】选项卡【动画】面组上的【完成】按钮，完成动画分析。

图 7-139　动画效果（一）　　　　　　　　　　图 7-140　动画效果（二）

3．修改阻尼器

（1）在资源导航器中选择【运动导航器】，如图 7-141 所示。

（2）双击 D001，打开【阻尼器】对话框。

（3）在【表达式】文本框中输入 0.02，如图 7-142 所示。

（4）单击【阻尼器】对话框中的【确定】按钮，完成阻尼的修正。

图 7-141　运动导航器

图 7-142　【阻尼器】对话框

4．修改衬套

（1）双击 G002，打开【衬套】对话框。

（2）在【刚度】选项卡中，在纵向表达式、锥向表达式、扭转表达式文本框中各输入 1，如图 7-143 所示。

图 7-143　【衬套】对话框

（3）在【阻尼】选项卡中，在纵向表达式、锥向表达式、扭转表达式文本框中各输入 0.1。

（4）单击【衬套】对话框中的【确定】按钮，完成衬套的修正。

5. 动画分析

（1）单击【主页】选项卡【解算方案】面组上的【求解】按钮⬛，求解出当前解算方案的结果。

（2）单击【结果】选项卡【动画】面组上的【播放】按钮▶，开始运动仿真动画，如图 7-144 所示，符合实际情况。

图 7-144　动画效果

（3）单击【结果】选项卡【动画】面组上的【完成】按钮🏁，完成新的动画分析。

7.5.6　图表输出

完成椎体撞击栅栏的动画分析后，可以使用图表命令得出相关参数的变化情况，本实例需对椎体撞击栅栏进行如下图表分析。

- ● 椎体在 Y 方向的位移情况。
- ● 警灯的摆动角度。

1. 创建椎体位移图表

（1）单击【分析】选项卡【运动】面组上的【分析】下拉菜单中的【XY 结果】按钮🗺，打开【XY 结果视图】面板。

（2）在【运动导航器】列表框中选择平面副 J001，在【XY 结果视图】面板中选择【相对】类型中的【位移】类型。

（3）在【位移】类型中选择【Y】类型，如图 7-145 所示。

（4）将鼠标指针放在【Y】上右键单击，在打开的快捷菜单中选择【绘图】命令，打开【查看窗】对话框，单击【新建窗口】按钮，计算出位移图表，如图 7-146 所示。

2. 创建警灯位移图表

（1）在【运动导航器】列表框中选择衬套 G002，在【XY 结果视图】面板中选择【绝对】类型中的【位移】类型。

（2）在【位移】类型中选择【幅值】类型。

（3）将鼠标指针放在【幅值】上右键单击，在打开的快捷菜单中选择【绘图】命令，打开【查看窗】对话框，单击【新建窗口】按钮，计算得出位移图表，如图 7-147 所示。

图 7-145　【XY 结果视图】面板

图 7-146 椎体位移图表

图 7-147 警灯位移副值图表

7.6 练习题

1. NX 中弹簧的种类有哪些，弹簧力和哪些参数有关？
2. 3D 接触中，接触力是由哪 5 个参数决定？
3. 完成台球的撞击运动仿真，如图 7-148 所示。在白球上定义矢量力，力在 0s 时为 10N，0.1s 后为零。由于 3D 接触每次只能定义两个组实体，在练习的过程中，注意所有可能的 3D 接触都应该涉及。完成后观察球的运动状态。

图 7-148 台球

第 8 章
仿真结果输出

本章将介绍仿真模型的运动分析结果输出。例如运动的速度、受力等，输出的形式有直观的模型动画、参数的曲线变化图表等。

重点与难点

灵活处理模型的解算与动画播放。
熟练使用图表输出模型受力、速度等。
理解铰接运动驱动和电子表格。
创建运动仿真的动画和视频。

8.1　动画分析

仿真模型定义完成后，要定义运动分析的解算方案，并通过解算器完成每个时间点或位置的状态才能输出动画分析。仿真运动机构有 4 种解算方案：常规驱动、铰接运动驱动、电子表格驱动和柔性体。

8.1.1　常规驱动

常规驱动（Animation）是基于时间的一种运动形式。机构在指定的时间和步数进行运动仿真，它是最常用的一种驱动。要执行常规驱动，必须在运动副内选择以下 4 种运动类型。

扫码看视频

- 无：没有外加任何驱动到运动副，也是软件默认的选项。
- 多项式：运动副的运动（旋转或移动）参数为恒定状态，如位移、速度、加速度。
- 谐波：谐波运动产生的周期性正弦运动。
- 函数：使用 XY 函数编辑器定义的复杂驱动方程。

使用常规驱动播放动画步骤如下。

（1）启动 UG NX 12，打开 Motion /chapter8/8.1/ ASSEMBLY2/ motion_1.sim。

（2）单击【主页】选项卡【解算方案】面组上的【解算方案】按钮，打开【解算方案】对话框。

（3）在【解算方案选项】选项卡文本框中输入时间为 10，步数 5000，如图 8-1 所示。

（4）单击【解算方案】对话框中的【确定】按钮，完成解算方案。

（5）单击【主页】选项卡【解算方案】面组上的【求解】按钮，求解出当前解算方案的结果。

图 8-1　【解算方案】对话框

说明　　解算也可以在【解算方案】对话框中，勾选【按"确定"进行求解】复选框进行。播放时默认用时间模式，也可以使用步数模式，单击【滑动模式】下拉列表框，选择步数类型。

（6）单击【分析】选项卡【运动】面组上的【动画】按钮，打开【动画】对话框，如图 8-2 所示。

（7）单击【播放】按钮，开始仿真模型动画分析，如图 8-3 所示。

（8）单击【动画】对话框中的【关闭】按钮，完成动画的播放。

【动画】对话框相关按钮含义如下。

- 动画延时可以使播放速度降低，延时滑块在 0 ～ 1000 之间滑动。
- 单击【设计位置】图标，使运动模型回到未进行运动仿真的状态。
- 单击【装配位置】图标，使运动模型回到进行连杆咬合的状态。
- 单击【播放一次】图标，运动仿真完成后停止。

- 单击【循环播放】⟳图标，运动仿真到结束位置后，继续从开始位置播放，依次循环。
- 单击【往返播放】⇌图标，运动仿真到结束位置后，从结束位置逆向播放，依次循环。

图 8-2 【动画】对话框

图 8-3 动画效果（0.5s、1.7s）

8.1.2 铰接运动驱动

扫码看视频

铰接运动驱动（Articulation）是基于位移的一种运动形式。机构在指定的步长（旋转角度或直线距离）和步数进行动画分析。要执行铰接运动驱动，必须在运动副驱动内选择【铰接运动】驱动类型。

本小节将使用铰接运动驱动作为驱动，模拟固体胶的运动。控制旋钮的顺时针、逆时针旋转对应胶体的伸、缩运动，具体的步骤如下。

1. 新建仿真

（1）启动 UG NX 12，打开 Motion /chapter8/8.1/gtj/gtj.prt，出现固体胶模型，如图 8-4 所示。

（2）单击【应用模块】选项卡【仿真】面组上的【运动】按钮，进入运动仿真界面。

（3）在资源导航器中选择【运动导航器】，右击运动仿真 gtj 图标，选择【新建仿真】，如图 8-5 所示。

（4）选择【新建仿真】后，软件自动打开【新建仿真】对话框，单击【确定】按钮，打开【环境】对话框，如图 8-6 所示。默认各参数，单击【确定】按钮。

2. 创建连杆

（1）单击【主页】选项卡【机构】面组上的【连杆】按钮，打开【连杆】对话框，如图 8-7 所示。

（2）在视图区选择旋钮为连杆 L001，如图 8-8 所示。

（3）单击【连杆】对话框中的【应用】按钮，完成连杆 L001 的创建。

（4）在视图区选择托盘和胶体为连杆 L002。

（5）单击【连杆】对话框中的【确定】按钮，完成连杆 L002 的创建。

3．创建旋转副

（1）单击【主页】选项卡【机构】面组上的【接头】按钮 ，打开【运动副】对话框，如图 8-9 所示。

图 8-4　固体胶模型

图 8-5　运动导航器

图 8-6　【环境】对话框

图 8-7　【连杆】对话框

图 8-8　选择连杆

图 8-9　【运动副】对话框

（2）单击【选择连杆】选项，在视图区选择连杆 L001。

（3）单击【指定原点】选项，在视图区选择 L001 上轴心任意一点。

（4）单击【指定矢量】选项，选择 L001 的柱面，如图 8-10 所示。

（5）单击【驱动】标签，打开【驱动设置】选项卡。

（6）在【旋转】下拉列表框中选择【铰接运动】类型，如图 8-11 所示。

（7）单击【运动副】对话框中的【确定】按钮，完成旋转副创建。

4．创建滑块副

（1）单击【主页】选项卡【机构】面组上的【接头】按钮 ，打开【运动副】对话框。

（2）在【类型】下拉列表框中选择【滑块】类型，如图 8-12 所示。

（3）单击【选择连杆】选项，在视图区选择连杆 L002。

（4）单击【指定原点】选项，在视图区选择 L002 上任意一点。

（5）单击【指定矢量】选项，选择 L002 的柱面。

（6）单击【驱动】标签，打开【驱动】选项卡。

（7）在【平移】下拉列表框中选择【铰接运动】类型。

图 8-10　指定原点、矢量　　　　图 8-11　【运动副】对话框（一）　　　　图 8-12　【运动副】对话框（二）

（8）单击【运动副】对话框中的【确定】按钮，完成滑动副创建。

5. 解算方案

（1）单击【主页】选项卡【解算方案】面组上的【解算方案】按钮，打开【解算方案】对话框。

（2）在【解算类型】下拉列表框中选择【铰接运动驱动】类型，如图 8-13 所示。

（3）单击【解算方案】对话框中的【确定】按钮，完成解算方案。

6. 求解

（1）单击【主页】选项卡【解算方案】面组上的【求解】按钮，打开【铰接运动】对话框，如图 8-14 所示。

图 8-13　【解算方案】对话框　　　　　　图 8-14　【铰接运动】对话框

（2）勾选【J001】、【J002】复选框，将它们一起作为驱动，并输入 J001 的步长为 10、J002 的步长为 1，步数为 10，如图 8-15 所示。

> **说明**　输入参数的含义为 J001 每旋转 10°，J002 运动 1，每次播放后模型运行 10 步。

（3）单击【单步向前】按钮 ，动画正向运动开始，如图 8-16 所示。单击【单步向后】按钮 ，动画负向运动开始。

> **说明**　铰链运动驱动动画没有时间的限制，运动可以无极限地进行。在运动的过程中，如果想看慢镜头，可以拖曳延时滑块位置到较大值。

（4）单击【铰接运动】对话框中的【关闭】按钮，完成当前模型的解算。

图 8-15　【铰接运动】对话框

图 8-16　动画效果

8.1.3　电子表格驱动

当机构使用常规驱动或铰接运动驱动解算后，NX 内部记录每个时间对应的驱动（角度或位移）的变化数据。如果有必要，可以把驱动的数据输出为电子表格，进行分析或修改等。这些数据在解算时可以直接利用电子表格驱动模型，如图 8-17 所示。关于电子表格功能，将在第 8.2 节详细讲解。

图 8-17　电子表格

8.1.4　静力平衡

静力学（Statics）是研究物体静止状态的学科。静力学研究的对象是物体上的作用之和为零，物体可以是永久不动或有运动趋势，具体包含以下物体的运动状态。

- 永久静止的物体，如房屋、横梁、支柱和钢支撑结构等。
- 处于静止状态，但有运动趋势的物体，如压缩过的弹簧、悬于空中的重物等。

扫码看视频

191

● 匀速运动的物体中某一结构的瞬间分析。

使用静力平衡分析模型步骤如下。

1. 动画分析

（1）启动 UG NX 12，打开 Motion /chapter8/8.1/ Statics / motion_1.sim，出现静力平衡模型，如图 8-18 所示。

（2）单击【主页】选项卡【解算方案】面组上的【解算方案】按钮，打开【解算方案】对话框。

（3）在【分析类型】下拉列表框中选择【静力平衡】类型，如图 8-19 所示。

（4）单击【解算方案】对话框中的【确定】按钮，完成解算方案。

（5）单击【主页】选项卡【解算方案】面组上的【求解】按钮，求解出当前解算方案的结果。

（6）单击【结果】选项卡【动画】面组上的【播放】按钮，静力结果如图 8-20 所示。

说明　进行静力平衡分析时，只分析最后力平衡之后的效果，没有中间的动画过程。

（7）单击【结果】选项卡【动画】面组上的【完成】按钮，完成当前模型的解算。

图 8-18　静力平衡模型　　　　图 8-19　【解算方案】对话框　　　　图 8-20　静力结果

2. 创建弹簧

由于模型非常简单，容易想象模型最后静止的状态，接下来在模型的底座和力臂之间加入一个弹簧，加大分析的难度。

（1）单击【主页】选项卡【连接器】面组上的【弹簧】按钮，打开【弹簧】对话框。

（2）在【连接件】下拉列表框中选择【连杆】类型，在绘图区选择底座。

（3）单击【指定原点】选项，选择底座右上角。

（4）在【底数】选项卡中单击【选择连杆】选项，选择力臂。

（5）在【底数】选项卡中单击【指定原点】工具，选择力臂中点，如图 8-21 所示。

（6）在刚度表达式文本框中输入 2，在【预紧长度】文本框中输入 112，如图 8-22 所示。

（7）单击【弹簧】对话框中的【确定】按钮，完成弹簧力的创建。

3. 动画分析

（1）单击【主页】选项卡【解算方案】面组上的【求解】按钮，求解出当前解算方案的结果。

（2）单击【结果】选项卡【动画】面组上的【播放】按钮，开始运动仿真动画，如图 8-23 所示。

图 8-21　选择点　　　　　　图 8-22　【弹簧】对话框　　　　图 8-23　静力平衡结果

（3）单击【结果】选项卡【动画】面组上的【完成】按钮，完成当前模型的解算。

| 说明 | 模型经过一段时间的运动，弹簧力平衡重力后，模型以一定的倾角达到平衡状态。 |

8.1.5　求解器参数

NX 内置有四种求解器：Simcenter Mition、NX Motion、RecurDyn 和 Adams。其中 Simcenter Mition 求解器为 NX 默认，使用不同的求解器，对应的参数也就有所不同。

四种求解器都通过积分器参数控制所用的积分和微分方程的求解精度，精度越高，处理的时间越长，对计算机的配置要求更高。常见的求解器参数含义如下。

- 最大步长：用于控制积分和微分方程中的 dx 因子，步长越小，精度越高。
- 最大求解误差：用于控制求解结果和微分方程的误差，误差越小，精度越高。
- 最大迭代次数：用于控制解释器的最大迭代次数。如果解释器的迭代次数达到最大，但结果和微分方程的误差未达到要求，则结束求解。
- 初始步长：用于控制 dynamic 求解器积分的初始步长大小。
- N-R：用于控制 Newton-Raphson 积分器的属性。
- 鲁棒 N-R：用于提高 Newton-Raphson 属性。

8.2　电子表格

电子表格驱动（Spreadsheet Run）的功能和铰链运动驱动、常规驱动一样，可以作为某个运动副的驱动，使仿真模型的运动按照指定的时间和动作完成。电子表格不仅提供驱动信息，而且还是交换式的，用户可以根据需要修改电子表格，更新模型的运动。

8.2.1 电子表格和系统平台

在 Windows 操作系统中，电子表格一般使用 Microsoft Office Excel。在 UNIX 系统中，电子表格的应用软件是 XESS，使用 XESS 显示的图形和使用 Microsoft Office Excel 略有不同，但是基本操作步骤是一样的。

使用电子表格驱动模型后，观察电子表格有以下几种方式。

- 打开电子表格所在位置，如 d:\ motion_1_Solution_ 1.xls。
- 在【电子表格驱动】对话框中，单击 图标，打开电子表格，如图 8-24 所示。

图 8-24 【电子表格驱动】对话框

8.2.2 创建和编辑电子表格

扫码看视频

使用电子表格驱动模型，必须要先创建电子表格数据，且驱动的数据要和当前模型的驱动数据对应。一般情况下，电子表格来自于原先的数据，也可以是临时创建电子表格。

1. 创建电子表格

由于电子表格完全让用户创建、逐步输入数据很烦琐，一般情况下，可以使用 NX 的填充电子表格命令创建，具体的步骤如下。

（1）启动 UG NX 12，打开 Motion /chapter8 /8.2/ Spreadsheet-8.2.2 / motion_1.sim，出现发动机模型，如图 8-25 所示。

（2）单击【主页】选项卡【解算方案】面组上的【解算方案】按钮 ，打开【解算方案】对话框。

（3）在【解算方案选项】选项卡文本框中输入时间为 2，步数为 200。

说明   电子表格的步数和时间是由原解算方案的时间和步骤决定。如输入时间为 2，步数为 200 电子表格对应的时间和步数是相同的。

（4）单击【解算方案】对话框中的【确定】按钮，完成解算方案。

（5）单击【主页】选项卡【解算方案】面组上的【求解】按钮 ，求解出当前解算方案的结果。

（6）单击【分析】选项卡【运动】面组上的【分析】下拉菜单中的【填充电子表格】按钮 ，打开【填充电子表格】对话框，如图 8-26 所示。

图 8-25 发动机模型

图 8-26 【填充电子表格】对话框

说明	填充电子表格命令可以将每一步的位移数据填充到电子表格文件，使用填充电子表格前，请确保当前的求解结果是有效的。

（7）指定创建电子表格的位置和文件名称。可以默认原位置和名称，也可以自定义。

（8）单击【填充电子表格】对话框中的【确定】按钮，完成电子表格的创建，如图 8-27 所示。

图 8-27　电子表格位置

2. 编辑电子表格

编辑运动仿真的电子表格和一般办公的电子表格的步骤是一样的。找到要使用的电子表格，打开修改某些参数，如用时、位移等，如图 8-28 所示。注意：如果参数修改不恰当，将不执行能仿真模型。例如：时间步数没有按照顺序排列，模型的驱动在电子表格没有对应等参数修改不恰当的情况。

图 8-28　电子表格

8.2.3　电子表格驱动模型

本小节将讲解使用电子表格驱动发动机的运转。其中电子表格是利用现有的数据，模型的连杆、运动副等都已经完成，具体的步骤如下。

扫码看视频

（1）启动 UG NX 12，打开 Motion /chapter8/8.2/ Spreadsheet-8.2.3 / motion_1.sim。

（2）单击【主页】选项卡【解算方案】面组上的【解算方案】按钮，打开【解算方案】对话框。

（3）单击【解算类型】下拉列表框，选择【电子表格驱动】类型，如图 8-29 所示。

（4）单击【解算方案】对话框中的【确定】按钮，完成解算方案，运动导航器增加电子表格驱动，如图 8-30 所示。

图 8-29　【解算方案】对话框

图 8-30　运动导航器

（5）单击【主页】选项卡【解算方案】面组上的【求解】按钮，打开【电子表格文件】对话框。

（6）指定电子表格文件和文件所在位置，打开 Motion /chapter8 /8.2/ Spreadsheet-8.2.3 / motion_1_Solution_1.xlsx 文件，如图 8-31 所示。

图 8-31　【电子表格文件】对话框

（7）指定电子表格无误后，打开【电子表格驱动】对话框，如图 8-32 所示。

（8）单击【播放】按钮，模型开始运动，如图 8-33 所示。

（9）完成发动机的运转后，编辑电子表格数据，使发动机完成一周旋转后，再反转一段时间。

（10）打开 Motion /chapter8/8.2/ Spreadsheet-8.2.3 / motion_1_Solution_1.xlsx 文件。在 100 步后面再增加 5 步，步数、用时、位移等参数如图 8-34 所示进行修改。

（11）单击【主页】选项卡【解算方案】面组上的【求解】按钮，弹出【打开电子表格文件】警告对话框，如图 8-35 所示。

图 8-32 【电子表格驱动】对话框（一）

图 8-33 动画效果（一）

序号	Time Step	Elapsed Time	J001, revolute
99	96	0.960	345.6
100	97	0.970	349.2
101	98	0.980	352.8
102	99	0.990	356.4
103	100	1.000	360
104	101	1.010	355
105	102	1.020	350
106	103	1.030	345
107	104	1.040	340
108	105	1.050	335
109	106	1.060	381.6
110	107	1.070	385.2

图 8-34 修改电子表格

图 8-35 【打开电子表格文件】警告对话框

（12）单击【已附着】按钮，打开【电子表格驱动】对话框，在时间上一共是 2.05s，如图 8-36 所示。

> **说明** 由于解算方案 Solution_1 在之前已经使用过电子表格，在下次使用时，会提示使用已附着（附加的）、从文件（重新指定电子表格）和取消（结束解算）信息。

（13）单击【播放】按钮，模型开始进行动画分析，如图 8-37 所示。

图 8-36 【电子表格驱动】对话框（二）

图 8-37 动画效果（二）

8.3 图表输出

图表命令（Graphing）能对机构仿真的结果生成直观的图表数据，如位移、速度、加速度等。与电子表格驱动不同的是，图表输出是独立的仿真解算器，输出的是图形，如图 8-38 所示。电子表格需要数据输入和解算器支持才能完成运动仿真，输出的结果是动画分析。

图 8-38　图表输出

8.3.1 UG NX 图表输出

扫码看视频

UG NX 图表输出是利用软件本身的图表功能，在绘图区显示其分析内容，它不需要借助其他软件的支持，因此被经常使用。

启动 UG NX 12，打开 Motion /chapter8/8.3/ Graphing / motion_1.sim，出现试验模型，如图 8-39 所示。长方体为连杆 L001，片体模拟地面，G001 为矢量力在 1s 内由 0 变化到 100N，如图 8-40 所示。长方体在力的推动下滑动。

图 8-39　试验模型

图 8-40　运动导航器

1. 创建位移图表

在试验模型当中，能指定位移的对象有运动副 J001 和矢量力 G001。连杆是不能指定为图表的运动对象，但是可以在连杆上创建标记间接输出图表。创建长方体滑动时的位移图表步骤如下。

（1）单击【分析】选项卡【运动】面组上的【仿真】下拉菜单中的【XY 结果】按钮，打开【XY 结果视图】面板。

（2）在【运动导航器】列表框中选择 J001。

（3）在【XY 结果视图】面板中选择【位移】类型。

（4）在【位移】下拉列表框中选择【X】类型，如图 8-41 所示。

> 说明　X 指物体在 X 方向上的线性运动值。幅值是 X、Y、Z 的合值，不考虑各方向上的线性分量，本实例 Y、Z 方向没有变化。幅值等于 X，因此也可以使用幅值。

（5）选中【X】右键，在打开的快捷菜单中选择【绘图】命令，打开【查看窗…】对话框，单击【新建窗口】，计算得出长方体的位移变化图表，如图 8-42 所示。

图 8-41　【XY 结果视图】面板

图 8-42　位移变化图表

> 说明　如果在【查看窗…】对话框中选择【用光标选择查看窗口】方式计算图标，执行图表后，在绘图区中的图表会替换原先的模型。如果需要返回模型，单击【结果】选项卡【布局】面组上的【返回到模型】按钮或保存运动仿真，将恢复到模型显示。也可以单击【新建窗口】按钮，新建一个窗口显示图表。

2. 创建速度图表

在力的作用下，长方体的速度公式为 $v=at$，速度越往后越大。创建长方体滑动时的速度图表步骤如下。

（1）单击【分析】选项卡【运动】面组上的【仿真】下拉菜单中的【XY 结果】按钮，打开【XY 结果视图】面板。

（2）在【运动导航器】列表框中选择 J001。

（3）在【XY 结果视图】面板中选择【速度】类型。

（4）在【速度】下拉列表框中选择【幅值】类型，如图 8-43 所示。

说明	欧拉角度 1 指物体在 X 方向上的旋转角度分量。角度幅值是 X、Y、Z 的角度合值，不考虑各方向上的角度分量。

（5）在【幅值】上单击右键，在打开的快捷菜单中选择【绘图】命令，打开【查看窗…】对话框，单击【新建窗口】，计算得出长方体的速度变化图表，如图 8-44 所示。

图 8-43 【XY 结果视图】面板

图 8-44 速度变化图表

3. 创建加速度图表

加速度公式为 $a=F/m$。由于本实例中力是由小变大，为非线性增长，因此加速度为非线性曲线。创建长方体滑动时的加速度图表步骤如下。

（1）单击【分析】选项卡【运动】面组上的【仿真】下拉菜单中的【XY 结果】按钮，打开【XY 结果视图】面板。

（2）在【运动导航器】列表框中选择 J001。

（3）在【XY 结果视图】面板中选择【加速度】类型。

（4）在【加速度】下拉列表框中选择【幅值】类型，如图 8-45 所示。

说明	组件输出图表时，可选择参照坐标系、相对坐标系或绝对坐标系。在输出图标时，测量以相对坐标系或绝对坐标系获取数据。当运动副的方向和绝对坐标系不一致时，采用相对坐标系。

（5）在【幅值】上单击右键，在打开的快捷菜单中选择【绘图】命令，打开【查看窗…】对话框，单击【新建窗口】，计算得出长方体的加速度变化图表，如图 8-46 所示。

说明	本实例解算的时间为 2s，推力在 1s 后恒定为 100N，所以，在 1s 后，长方体的加速度为常数。

图 8-45　【XY 结果视图】面板

图 8-46　加速度变化图表

4. 创建力图表

推力 G001 使用的是 STEP 函数，即 STEP（x，0，0，1，100），创建长方体推力变化图表步骤如下。

（1）单击【分析】选项卡【运动】面组上的【仿真】下拉菜单中的【XY 结果】按钮，打开【XY 结果视图】面板。

（2）在【运动导航器】列表框中选择 G001。

（3）在【XY 结果视图】面板中选择【力】类型。

（4）在【力】下拉列表框中选择【力幅值】类型，如图 8-47 所示。

（5）在【力幅值】上单击右键，在打开的快捷菜单中选择【绘图】命令，打开【查看窗…】对话框，单击【新建窗口】，计算得出长方体的力变化图表，如图 8-48 所示。

图 8-47 【XY 结果视图】面板

图 8-48 力变化图表

8.3.2 电子表格输出

扫码看视频

在 Windows 操作系统中，一般都安装了 Microsoft Office Excel。因此图表也可以使用电子表格形式输出，而且还可以使用电子表格编辑参数更新驱动，这是使用 UG NX 输出做不到的。

电子表格输出的操作和 UG NX 输出步骤是一样的，只是显示时图表在 Microsoft Office Excel 内。本小节将以电子表格的形式输出风扇的转速，具体的步骤如下。

（1）启动 UG NX 12，打开 Motion /chapter8 /8.3 / Fan / motion_1.sim。风扇模型如图 8-49 所示。

（2）单击【分析】选项卡【运动】面组上的仿真下拉菜单中的【XY 结果】按钮，打开【XY 结果视图】面板。

（3）在【运动导航器】列表框中选择 J001。

（4）在【XY 结果视图】面板中选择【速度】类型。

（5）在【速度】下拉列表框中选择【角度幅值】类型，如图 8-50 所示。

图 8-49 风扇

（6）右键选中【角度幅值】，在打开的快捷菜单中选择【绘图】命令，打开【查看窗…】对话框，单击【新建窗口】，计算出风扇的转速的变化曲线，如图 8-51 所示。

（7）在【运动导航器】列表框中打开解算结果，选择创建的风扇转速变化曲线，右键单击，在打开的快捷菜单中选择【绘制至电子表格】，如图 8-52 所示。

图 8-50 【XY 结果视图】面板

图 8-51　转速图表

（8）Microsoft Office Excel 软件打开，它将显示风扇的转速。此时一共有两张表：Sheet1（数字数据）如图 8-53 所示；Chart1（图形数据）如图 8-54 所示。

说明　Sheet1 电子表格和 Chart1 电子表格是关联的，改动其中一个表格的数据，另一个表格会自动更新。需要修改时，Sheet1 电子表格可直接修改表格内数据，Chart1 电子表格则是拖动曲线上的按钮。

图 8-52 【运动导航器】面板

图 8-53　Sheet1 电子表格

图 8-54　Chart1 电子表格

8.4　创建照片与视频

扫码看视频

　　UG NX 的运动仿真除了可以进行动画分析，还可以把动画分析输出为动画照片与视频。使用 Windows 自带的图片观察照片、媒体播放器或其他影音软件都可以播放视频。

8.4.1　创建照片

　　动画形式的照片常见的格式有 GIF、TIFF，它们都可以使用常见的图片软件打开，如 Windows 的画图、图片和传真阅览器等。

　　（1）启动 UG NX 12，打开 Motion /chapter8 /8.4 /Ex2 / motion_1.sim，出现送料机模型，如图 8-55 所示。

图 8-55　送料机模型

　　（2）在运动导航器上右击 motion_1 运动仿真，选择【导出】→【动画 GIF】命令，如图 8-56 所示，打开【动画 GIF】对话框，如图 8-57 所示。

图 8-56　动画 GIF

图 8-57　【动画 GIF】对话框

（3）单击【动画 GIF】对话框中的【确定】按钮，创建动画 GIF 解算开始。

（4）在指定的位置找到动画 GIF 文件，一般双击后显示。

说明　　在导出动画 GIF 之前，请事先解算好运动仿真。由于导出的解算过程很慢，请设置较少的解算时间，以加快解算的速度。

8.4.2　创建视频

创建视频和动画图片相比，运动仿真的运动更加流畅、清晰，但是解算的时间也会相应地增加。导出的视频格式有 MPEG、MPEG2，使用 Media Player 或其他影音软件播放。

（1）在运动导航器中右击 motion_1 运动仿真，选择【导出】→【MPEG】命令，打开【MPEG】对话框，如图 8-58 所示。

（2）软件默认 MPEG 的位置和 motion_1 的位置在一起。如果需要指定视频的文件名称和位置，单击【指定文件名】按钮，进行选择和命名。

（3）单击【MPEG】对话框中的【确定】按钮，创建 MPEG 解算开始。

（4）在指定的位置找到视频文件，一般双击后开始播放，如图 8-59 所示。

图 8-58　【MPEG】对话框　　　　　　　　　图 8-59　【动画输出文件】对话框

8.5　练习题

1．简述常规驱动和关节运动的区别，以及如何定义它们。

2．简述使用电子表格驱动机构运动的步骤。

第 9 章
机构检查

进行运动仿真的目的，不仅是将运动机构运动起来，还要保证运动机构的合理性，例如是否有干涉、运动幅度够不够等。如果不满足条件，必须对模型进行修改，因此机构运动的检查是必不可少的过程。

重点与难点

理解机构检查对运动机构是否合理的重要性。
熟练使用封装选项的三大命令。
学会使用标记、智能点，并输出它们的图表。

9.1　封装选项

封装选项（Packaging Options）包含三大检查工具：干涉检查、测量和机构跟踪。它们可以在运动工具栏、铰接运动驱动对话框中定义，在动画分析中执行，如图 9-1 所示。

9.1.1　干涉检查

扫码看视频

干涉（Interference）命令可以检查运动机构中选定对象每一步存在的碰撞，可帮助用户排除运动机构存在的缺陷，干涉以三种类型显示存在碰撞的结果。

高亮显示：发生干涉时对象高亮显示，显示的颜色默认为红色，在 UG NX 里面两物体面接触也算为干涉，请注意区分。

创建实体：发生干涉时，软件会生成非参数的相交实体。

显示相交曲线：发生干涉时，显示两对象的相交曲线。

本小节将对物体穿过通道是否存在干涉进行检查，请注意凡是改动过仿真的参数或添加过运动副、约束等必须重新解算一次，具体步骤如下。

1. 创建驱动

（1）启动 UG NX 12，打开 Motion /chapter9/9.1/Interference / motion_1.sim。

（2）单击【主页】选项卡【机构】面组上的【驱动体】按钮，打开【驱动】对话框。

（3）在视图区选择运动副 J002 为驱动对象，如图 9-2 所示。

图 9-1　【动画】对话框

（4）在【驱动】选项卡的【平移】下拉列表框中选择【多项式】类型。

（5）在【速度】文本框中输入 600、【加速度】文本框中输入 20，如图 9-3 所示。

（6）单击【驱动】对话框中的【确定】按钮，完成驱动的创建。

2. 干涉检查

（1）单击【分析】选项卡【运动】面组上【干涉】按钮，打开【干涉】对话框，如图 9-4 所示。

（2）在【类型】下拉列表框中选择【创建实体】类型。

（3）在【设置】选项卡中勾选【事件发生时停止】复选框和【激活】复选框，如图 9-5 所示。

（4）在视图区选择长方体作为第一组对象，如图 9-6 所示。

（5）在【第二组】选项卡中单击【选择对象】选项，在视图区选择通道作为第二组对象。对象可以是组件、实体、片头和连杆 4 种类型。

图 9-3　【驱动】对话框

图 9-2　选择运动副

图 9-4　【干涉】对话框

图 9-5　【设置】选项卡

图 9-6　选择对象

（6）单击【干涉】对话框中的【确定】按钮，完成干涉的设置。

3. 创建解算方案

（1）单击【主页】选项卡【解算方案】面组上的【解算方案】按钮，打开【解算方案】对话框。

（2）在【解算方案选项】选项卡文本框中输入时间为2，步数为100，如图9-7所示。

说明　　由于以实体的形式创建干涉结果，运动仿真机构在发生碰撞时解算速度会很慢，因此减少解算步数可以加快计算的时间，当然也可以设置干涉模式为小平面取代精确实体，使创建干涉的精度降低，加快软件计算的速度。

（3）单击【解算方案】对话框中的【确定】按钮，完成解算方案。

4. 求解结果

单击【主页】选项卡【解算方案】面组上的【求解】按钮，求解出当前解算方案的结果。

5. 创建动画

（1）单击【分析】选项卡【运动】面组上的【动画】按钮，打开【动画】对话框，如图9-8所示。

（2）在对话框中勾选【事件发生时停止】复选框和【干涉】复选框，如图9-9所示。

图 9-7 【解算方案】对话框

图 9-8 【动画】对话框

图 9-9 封装选项

（3）单击【播放】按钮，开始运动仿真动画。

（4）当运动仿真动画在0.82s时，物体与通道发生碰撞，动画停止，并打开【动画事件】提示框，如图9-10所示。

（5）单击【动画事件】提示框中的【确定】按钮，取消暂停。

图 9-10　动画效果

说明

在发生干涉的同时，软件创建每一步的干涉实体，干涉实体在当前的运动仿真模型内，如图 9-11 所示，不在主模型，删除时直接在画面或部件导航器中删除。模型只有在勾选【事件发生时停止】复选框、【干涉】复选框后，播放动画时才会创建干涉和暂停。

（6）单击【列出干涉】按钮 ▥，打开【信息】窗口，如图 9-12 所示。在发生干涉的步进处，显示干涉类型。测量出干涉的距离来修改主模型尺寸。

（7）单击【动画】对话框中的【关闭】按钮，完成干涉检查。

图 9-11　干涉实体

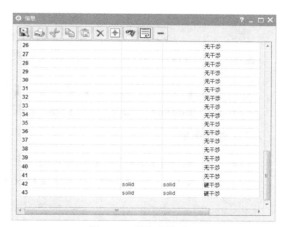

图 9-12　【信息】窗口

9.1.2　测量

测量（Measure）命令用于测量两对象之间的距离和角度，并实时显示尺寸。测量命令甚至可以创建安全尺寸，当物体运动到安全尺寸时发生报警、暂停。测量相关参数含义如下。

最小距离：测量对象之间的最小距离，对象可以是实体、片体、曲线、标记和智能点。

角度：测量直线或线性边缘的角度。

大于：当物体运动的测量值大于安全尺寸时，测量事件发生。

小于：当物体运动的测量值小于安全尺寸时，测量事件发生。

目标：当物体运动的测量值等于安全尺寸时，测量事件发生。

事件发生时停止：当测量事件发生时，运动仿真机构停止。

本小节将对玩具小车的转向机构进行测量，测量轮胎的最大转角（当两机构发生干涉，也就是

扫码看视频

211

对象距离为零时，轮胎转角最大），如图 9-13 所示。

图 9-13　玩具小车的转向机构

1.　测量距离

（1）启动 UG NX 12，打开 Motion /chapter9/9.1/ car / motion_1.sim。

（2）单击【分析】选项卡【运动】面组上的【测量】按钮▭，打开【测量】对话框。

（3）在视图区选择车身的侧面作为第一组对象，如图 9-14 所示。

（4）在【第二组】选项卡中单击【选择对象】选项，在视图区选择转向连杆。

（5）在【设置】选项卡的【阈值】文本框中输入 0.1，在【测量条件】下拉列表框中选择【小于】类型。

> **说明**　　此步骤的含义是，当两物体的距离小于 0.1 时，测量事件发生。它使运动仿真机构停止，以方便进行角度的测量。

（6）勾选【事件发生时停止】复选框和【激活】复选框，如图 9-15 所示。

（7）单击【测量】对话框中的【确定】按钮，完成测量条件的设置。

2.　测量角度

（1）单击【分析】选项卡【运动】面组上的【测量】按钮▭，打开【测量】对话框。

（2）在【类型】下拉列表框中选择【角度】类型，如图 9-16 所示。

图 9-14　选择对象

图 9-15　【测量】对话框（一）

图 9-16　【测量】对话框（二）

（3）在视图区选择车身的边缘作为第一组对象，如图 9-17 所示。

（4）在【第二组】选项卡中单击【选择对象】选项，在视图区选择转向连杆的边缘。

（5）在【设置】选项卡的【测量条件】下拉列表框中选择【目标】类型，勾选【激活】复选框，如图 9-18 所示。

（6）单击【测量】对话框中的【确定】按钮，完成测量条件的设置。

3. 创建解算方案

（1）单击【主页】选项卡【解算方案】面组上的【解算方案】按钮📑，打开【解算方案】对话框。

（2）在【解算类型】下拉列表框中选择【铰接运动驱动】类型，如图 9-19 所示。

（3）单击【解算方案】对话框中的【确定】按钮，完成解算方案。

图 9-17　选择对象　　　　　图 9-18　【设置】选项卡　　　　　图 9-19　【解算方案】对话框

4. 求解结果

（1）单击【主页】选项卡【解算方案】面组上的【求解】按钮🖼，打开【铰接运动】对话框。

（2）勾选【事件发生时停止】复选框和【测量】复选框，如图 9-20 所示。

（3）单击【单步向前】按钮 ▶，开始运动仿真动画。当两物体发生碰撞后，动画停止，并打开【动画事件】提示框，如图 9-21 所示。

图 9-20　【铰接运动】对话框　　　　　　　图 9-21　动画停止

（4）单击【动画事件】提示框中的【确定】按钮，取消暂停。

（5）单击【列出测量值】按钮，打开【信息】对话框，如图 9-22 所示。从记事本中可以看出，当驱动 J006 转动到 46.8984°时，轮胎的转角为 14.5°（180°－165.5°）。

（6）单击【铰接运动】对话框中的【关闭】按钮，完成当前模型的运动分析。

最短距离测里：Me001				
步进	对象 1	对象 2	距离	J006
0	face	solid	6.2500	0.0000
1	face	solid	5.5841	5.0000
2	face	solid	4.9208	10.0000
3	face	solid	4.2601	15.0000
4	face	solid	3.6022	20.0000
5	face	solid	2.9469	25.0000
6	face	solid	2.2945	30.0000
7	face	solid	1.6448	35.0000
8	face	solid	0.9979	40.0000
9	face	solid	0.3539	45.0000
10	face	solid	0.0000	50.0000
11	face	solid	0.3539	40.0000
12	face	solid	0.0329	42.5000
13	face	solid	0.1933	41.2500
14	face	solid	0.1131	41.8750

图 9-22 【信息】对话框

9.1.3 追踪

扫码看视频

追踪（Trace）命令可以复制模型在某个位置的备份，通过追踪可以记录机构重要的动作或对比模型之间的区别。追踪命令不仅可以手动追踪在某一时刻的模型备份，还可以自动追踪在每一步时模型备份。具体的含义如下。

追踪：复制指定物体在每一步的模型。

追踪当前位置：复制指定物体在某一时刻的模型。

追踪整个机构：复制整个机构在某一时刻的模型，如图 9-23 所示。

本小节将对小球的自由落体进行追踪，如图 9-24 所示，具体的步骤如下。

1. 新建仿真

（1）启动 UG NX 12，打开 Motion /chapter9 /9.1 / Trace.prt。

（2）单击【应用模块】选项卡【仿真】面组上的【运动】按钮，进入运动仿真界面。

（3）在资源导航器中选择【运动导航器】，右击运动仿真 Trace 图标，选择【新建仿真】，如图 9-25 所示。

（4）选择【新建仿真】后，软件自动打开【新建仿真】对话框，单击【确定】按钮，打开【环境】对话框，如图 9-26 所示。默认各参数，单击【确定】按钮。

图 9-23 追踪

追踪当前位置 追踪整个机构

图 9-24 自由落体模型

图 9-25 运动导航器

图 9-26 【环境】对话框

2. 创建连杆

（1）单击【主页】选项卡【机构】面组上的【连杆】按钮，打开【连杆】对话框，如图 9-27 所示。

（2）在视图区选择小球为连杆 L001，如图 9-28 所示。

（3）单击【连杆】对话框中的【应用】按钮，完成连杆 L001 的创建。

（4）在视图区选择底面片体为连杆 L002。

（5）在【质量属性选项】下拉列表框中选择【用户定义】类型，如图 9-29 所示。软件自动打开【质量与力矩】选项卡。

图 9-27　【连杆】对话框（一）

图 9-28　创建连杆

图 9-29　【连杆】对话框（二）

（6）单击【质心】选项，选择 L002 任意一点作为连杆的质心，并在对应的质量和惯性文本框输入参数，如图 9-30 所示。

（7）勾选【无运动副固定连杆】复选框，固定 L002。

说明　　如果整个运动机构模型没有一个固定连杆，将不能对其进行解算。因此本实例中的连杆 L002 只起辅助解算作用。

（8）单击【连杆】对话框中的【确定】按钮，完成连杆 L002 的创建。

3. 追踪小球

（1）单击【分析】选项卡【运动】面组上的【追踪】按钮，打开【追踪】对话框。

（2）在视图区选择小球为追踪对象，如图 9-31 所示。

（3）勾选【激活】复选框，如图 9-32 所示。

图 9-30　【质量和惯性】选项卡

图 9-31　选择对象

图 9-32　【追踪】对话框

（4）单击【追踪】对话框中的【确定】按钮，完成追踪的设置。

4．动画分析

（1）单击【主页】选项卡【解算方案】面组上的【解算方案】按钮，打开【解算方案】对话框。

（2）在【解算类型】下拉列表框中选择【常规驱动】类型，如图 9-33 所示。

（3）单击【解算方案】对话框中的【确定】按钮，完成解算方案。

（4）单击【主页】选项卡【解算方案】面组上的【求解】按钮，求解出当前解算方案的结果。

（5）单击【分析】选项卡【运动】面组上的【动画】按钮，打开【动画】对话框。

（6）勾选【追踪】复选框，如图 9-34 所示。

（7）单击【播放】按钮，开始运动仿真动画。小球的自由落体开始，每一步都自动追踪，如图 9-35 所示。

图 9-33 【解算方案】对话框

说明　如果需要追踪某个时刻的对象，拖曳时间滑块到特定的时间，单击【追踪当前位置】图标。如果是追踪整个机构，则单击【追踪整个机构】图标。

（8）单击【动画】对话框中的【关闭】按钮，完成当前模型的运动分析。

图 9-34 【动画】对话框

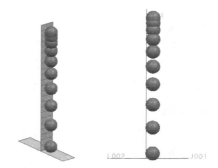

图 9-35 动画效果

9.2 标记功能

标记功能通常和追踪、测量一起使用，它有标记、智能点和传感器 3 个命令。通过标记可以创建某一点的位移、速度和加速度图表，甚至可以构成运动轨迹的点集。

9.2.1 标记

扫码看视频

标记（Marker）是定义在连杆上的某个点，标记和智能点相比有明确的方向定义。标记的方向特性在复杂的动力学分析中特别有用，例如分析连杆的速度、位移等。

本小节将对炮弹在发射后，使用标记求取它的高度位移和速度，具体的步骤如下。

1. 创建标记

（1）启动 UG NX 12，打开 Motion /chapter9/9.2/ Marker / motion_1.sim，出现模型，如图 9-36 所示。

（2）单击【主页】选项卡【机构】面组上的【标记】按钮！<，打开【标记】对话框，如图 9-37 所示。

（3）单击【选择连杆】选项，在视图区选择炮筒内的小球，或在运动导航器内选择连杆 L001。

（4）单击【指定点】选项，选择小球球心，如图 9-38 所示。

图 9-36　模型

图 9-37　【标记】对话框

图 9-38　指定点

（5）单击【坐标系】按钮，打开【坐标系】对话框。

（6）在【类型】下拉列表框中选择【绝对坐标系】类型，如图 9-39 所示。

（7）单击【坐标系】对话框中的【确定】按钮，完成坐标系的设置。

（8）单击【标记】对话框中的【确定】按钮，完成标记的创建。

2. 解算结果

（1）单击【主页】选项卡【解算方案】面组上的【解算方案】按钮，打开【解算方案】对话框。

（2）在【解算方案选项】选项卡文本框中输入时间为 0.5，步数为 100，如图 9-40 所示。

（3）单击【解算方案】对话框中的【确定】按钮，完成解算方案。

（4）单击【主页】选项卡【解算方案】面组上的【求解】按钮，求解出当前解算方案的结果。

3. 创建高度位移图表

（1）单击【分析】选项卡【运动】面组上的【仿真】下拉菜单中的【XY 结果】按钮，打开【XY 结果视图】面板。

（2）在【运动导航器】下拉列表框中选择 A001。

（3）在【XY 结果视图】面板中选择【位移】类型。

（4）在【位移】下拉列表框中选择【Z】类型，如图 9-41 所示。

（5）在【Z】上单击右键，在打开的快捷菜单中选择【绘图】命令，打开【查看窗…】对话框，单击【新建窗口】，计算得出炮弹的高度位移曲线图表，如图 9-42 所示。

图 9-39　【坐标系】对话框　　　图 9-40　【解算方案】对话框　　　图 9-41　【XY 结果视图】面板

图 9-42　高度位移曲线图表

4．创建速度图表

（1）单击【分析】选项卡【运动】面组上的【仿真】下拉菜单中的【XY 结果】按钮 ，打开【XY 结果视图】面板。

（2）在【运动导航器】下拉列表框中选择 A001。

（3）在【XY 结果视图】面板中选择【速度】类型。

（4）在【速度】下拉列表框中选择【幅值】类型，如图 9-43 所示。

（5）在【幅值】上单击右键，在打开的快捷菜单中选择【绘图】命令，打开【查看窗…】对话框，单击【新建窗口】，计算得出炮弹的速度变化曲线图表，如图 9-44 所示。

图 9-43　【XY 结果视图】面板　　　　　　　图 9-44　速度变化曲线图表

9.2.2　智能点

扫码看视频

　　智能点（Smart Point）是没有方向的点，它实质上和普通点的功能几乎一样。智能点不能依附连杆，也不能和标记一样输出图表，使用时和普通点的用法一样。

　　本小节将对炮弹在发射后，使用追踪功能，追踪智能点描绘炮弹的运动轨迹。完成的思路是：首先创建智能点，接下来加入智能点到连杆，最后使用追踪命令追踪智能点，具体的步骤如下。

1．创建智能点

（1）启动 UG NX 12，打开 Motion /chapter9/9.2/ Marker / motion_1.sim。

（2）单击【主页】选项卡【机构】面组上的【智能点】按钮 ，打开【点】对话框，如图 9-45 所示。

（3）指定点，单击【指定点】按钮，选择小球球心，如图 9-46 所示。

（4）单击【点】对话框中的【确定】按钮，完成智能点的创建。

图 9-45 【点】对话框

图 9-46　指定点

2．编辑连杆

（1）打开运动导航器，如图 9-47 所示，双击连杆 L001，打开【连杆】对话框。

（2）在视图区选择智能点加入连杆 L001，如图 9-48 所示。

（3）单击【连杆】对话框中的【确定】按钮，完成连杆 L001 的修改。

图 9-47　运动导航器

图 9-48 【连杆】对话框

3．创建追踪

（1）单击【分析】选项卡【运动】面组上的【追踪】按钮，打开【追踪】对话框。

（2）在视图区选择智能点，勾选【激活】复选框，如图 9-49 所示。

（3）单击【追踪】对话框中的【确定】按钮，完成追踪的设置。

4．动画分析

（1）单击【主页】选项卡【解算方案】面组上的【求解】按钮，求解出当前解算方案的结果。

（2）单击【分析】选项卡【运动】面组上中的【动画】按钮，打开【动画】对话框。

（3）勾选【追踪】复选框，如图 9-50 所示。

图 9-49 【追踪】对话框

图 9-50 【动画】对话框

（4）单击【播放】图标 ▶，开始运动仿真
动画。炮弹发射的运动开始，每一步都自动追
踪智能点的位置，如图 9-51 所示。

（5）单击【动画】对话框中的【关闭】按钮，
完成当前模型的动画分析。

图 9-51 动画效果

9.2.3 传感器

扫码看视频

传感器（sensors）是图表输出的一种快速标记，传感器可以检查物体的速度、
位移、加速度和力。它的优点在于可以参照任何物体检查数据，输出图表时，不
需要设置图表参数。

本小节将对两钢球相碰实验过程中，其中一个钢球相对于另一个钢球的速度
和位移做检查，具体的步骤如下。

1. 创建传感器

（1）启动 UG NX 12，打开 Motion /chapter9 /9.2 / sensors / motion_1.sim，出现模型，如图 9-52
所示。

（2）单击【主页】选项卡【机构】面组上的【传感器】按钮 ，打开【传感器】对话框。

（3）单击【测量】选项，在视图区选择左边小球内的标记 A001。

（4）单击【相对】选项，在视图区选择右边小球内的标记 A002，如图 9-53 所示。

（5）在【类型】下拉列表框中选择【位移】类型。

（6）在【分量】下拉列表框中选择【线性幅值】或【X】类型，如图 9-54 所示。

（7）单击【传感器】对话框中的【确定】按钮，完成传感器的创建。

（8）按照相同的步骤创建两标记之间的速度传感器 Se002。

图 9-52　模型　　　　　图 9-53　指定点　　　　　图 9-54　【传感器】对话框

2. 创建解算方案

（1）单击【主页】选项卡【解算方案】面组上的【解算方案】按钮 ![icon]，打开【解算方案】对话框。

（2）在【解算方案选项】选项卡文本框中输入时间为 0.5，步数为 100，如图 9-55 所示。

（3）单击【解算方案】对话框中的【确定】按钮，完成解算方案。

（4）单击【主页】选项卡【解算方案】面组上的【求解】按钮 ![icon]，求解出当前解算方案的结果。

3. 创建位移图表

（1）单击【分析】选项卡【运动】面组上的【仿真】下拉菜单中的【XY 结果】按钮 ![icon]，打开【XY 结果视图】面板。

（2）在【运动导航器】列表框中选择 Se001。

（3）在【XY 结果视图】面板中选择【位移】类型。

（4）在【位移】下拉列表框中选择【幅值】类型，如图 9-56 所示。

图 9-55　【解算方案】对话框

图 9-56　【XY 结果视图】面板

223

（5）在【幅值】上单击右键，在打开的快捷菜单中选择【绘图】命令，打开【查看窗…】对话框，单击【新建窗口】，计算得出一小球相对另一小球的位移变化曲线图表，如图 9-57 所示。

图 9-57　位移变化曲线图表

4．创建速度图表

（1）单击【分析】选项卡【运动】面组上的【仿真】下拉菜单中的【XY 结果】按钮，打开【XY 结果视图】面板。

（2）在【运动导航器】下拉列表框中选择 Se002。

（3）在【XY 结果视图】面板中选择【速度】类型。

（4）在【速度】下拉列表框中选择【幅值】类型，如图 9-58 所示。

（5）在【幅值】上右键单击，在打开的快捷菜单中选择【绘图】命令，打开【查看窗…】对话框，单击【新建窗口】，计算得出一小球相对另一小球的速度变化曲线图表，如图 9-59 所示。

图 9-58　【XY 结果视图】面板

图 9-59　速度变化曲线图表

9.3　实例——剪式千斤顶

剪式千斤顶可以通过手柄的旋转顶起重物，如图 9-60 所示。剪式千斤顶和一般千斤顶相比，没有油路系统，因此它有结构简单、携带方便的特点，深受小型汽车用户的喜欢。

图 9-60　剪式千斤顶

扫码看视频

9.3.1　运动要求及分析思路

剪式千斤顶通过手柄的旋转顶起重物，结构为螺杆机构和剪式机构两大部分。创建剪式千斤顶运动仿真机构的要求如下。

（1）螺杆的转速为每秒 1 ～ 3 转，比率值为 3。

（2）检查剪式千斤顶模型是否存在干涉。

（3）创建螺杆转速和顶起速度的图标。

（4）创建剪式千斤顶的最大顶起高度。

了解剪式千斤顶相关的参数和要求后，对模型进行分析，具体的思路如下。

（1）连杆的划分。在整个剪式千斤顶模型内找出参与运动的部件，并划分为连杆，一共是 8 个，如图 9-61 所示。底座为非连杆机构，当然也可以被创建为固定连杆。

（2）运动副的划分。通过从简入难的规律，先在不加螺杆机构的情况下创建运动副。

L001、L002、L004 和 L005 组成剪式机构，运动的类型是旋转副，且需要啮合连杆。

L003 沿顶起的方向运动为滑动副。

L006 是主运动，既可以旋转，又可以移动，运动的类型为螺旋副。由于螺旋副没有驱动，还需要在 L006 上创建旋转副。

L007、L008 要随着其他连杆移动，由于要保持水平，运动的类型为旋转副。

（3）运动的传递。本实例没有任何齿轮、线缆、3D 接触等，纯粹通过旋转副来完成。主要经过二次力的转化。

图 9-61　划分连杆

螺杆的旋转可减少 L007、L008 之间的距离。

由平行四边形法则推断：L001、L002 之间的角度增加，L002、L005 之间的角度减小，从而推动 L003 向上运动。

9.3.2　创建连杆

剪式千斤顶模型需要创建 8 个连杆。为了简化，将模型螺杆和手柄合为一个连杆，且没有将底座算作连杆，具体的步骤如下。

1. 新建仿真

（1）启动 UG NX 12，打开 Motion /chapter9/9.3/qjd.prt，出现剪式千斤顶模型。

（2）在资源导航器中选择【运动导航器】，右击运动仿真 🔧 qjd 图标，选择【新建仿真】。

（3）选择【新建仿真】后，软件自动弹出【新建仿真】对话框，单击【确定】按钮，打开【环境】对话框。默认各参数，单击【确定】按钮。

2. 创建连杆

（1）单击【主页】选项卡【机构】面组上的【连杆】按钮 ✎，打开【连杆】对话框，如图 9-62 所示。

（2）在视图区选择左下角运动杆为连杆 L001，如图 9-63 所示。

图 9-62 【连杆】对话框

图 9-63 连杆 L001、L002

（3）单击【连杆】对话框中的【应用】按钮，完成连杆 L001 的创建。

（4）在视图区选择左上角运动杆为连杆 L002。

（5）单击【连杆】对话框中的【应用】按钮，完成连杆 L002 的创建。

（6）在视图区选择顶部顶块为连杆 L003，如图 9-64 所示。

（7）单击【连杆】对话框中的【应用】按钮，完成连杆 L003 的创建。

（8）按照完成连杆 L003 的步骤完成连杆 L004、连杆 L005 的创建。

说明　　从连杆 L001 到 L005 组成了剪式千斤顶的剪式结构，也就是平行四边形机构。连杆 L006 到 L008 组成了控制剪式结构角度的螺杆机构。

（9）在视图区选择螺杆和手柄为连杆 L006，如图 9-65 所示。

（10）单击【连杆】对话框中的【应用】按钮，完成连杆 L006 的创建。

图 9-64 创建连杆 L003

图 9-65 创建连杆 L006

（11）在视图区选择左边小方块为连杆 L007，L007 和 L008 的区别在于 L007 带有螺纹。

（12）单击【连杆】对话框中的【应用】按钮，完成连杆 L007 的创建。

（13）在视图区选择右边小方块为连杆 L008。

（14）单击【连杆】对话框中的【确定】按钮，完成连杆 L008 的创建。

9.3.3　创建剪式机构运动副

由于剪式千斤顶的运动副较多，为了避免出错无处下手。首先创建剪式机构的运动副，如图 9-66 所示，经过解算合格后，再进行螺杆机构运动副的创建。具体的步骤如下。

图 9-66　划分运动副

1. 创建旋转副 1

（1）单击【主页】选项卡【机构】面组上的【接头】按钮，打开【运动副】对话框，如图 9-67 所示。

（2）单击【选择连杆】选项，在视图区选择连杆 L001。

（3）单击【指定原点】选项，在视图区选择 L001 底板转轴圆心，如图 9-68 所示。

（4）单击【指定矢量】选项，选择 L001 的端面使 Z 方向平行于轴心。

（5）单击【运动副】对话框中的【确定】按钮，完成旋转副 J001 创建。

2. 创建旋转副 2

（1）单击【主页】选项卡【机构】面组上的【接头】按钮，打开【运动副】对话框。

（2）单击【选择连杆】选项，在视图区选择连杆 L001。

（3）单击【指定原点】选项，在视图区选择连杆 L001 转轴的圆心，如图 9-69 所示。

图 9-67　【运动副】对话框

图 9-68　指定原点（一）

图 9-69　指定原点（二）

（4）单击【指定矢量】选项，选择 L001 的端面使 Z 方向平行于轴心。

（5）单击【底数】标签，打开【底数】选项卡。

（6）单击【选择连杆】选项，在视图区选择连杆 L002，如图 9-70 所示。

（7）单击【运动副】对话框中的【确定】按钮，完成旋转副 J002 创建。

3. 创建旋转副 3

（1）单击【主页】选项卡【机构】面组上的【接头】按钮，打开【运动副】对话框。

（2）单击【选择连杆】选项，在视图区选择连杆 L002。

（3）单击【指定原点】选项，在视图区选择连杆 L002 上的圆心点作为原点，如图 9-71 所示。

（4）单击【指定矢量】选项，选择连杆 L003 上柱面，使 Z 方向指向轴心，如图 9-72 所示。

图 9-70　啮合连杆

图 9-71　指定原点

图 9-72　指定矢量

（5）单击【底数】标签，打开【底数】选项卡，如图 9-73 所示。

（6）单击【选择连杆】选项，在视图区选择连杆 L003，如图 9-74 所示。

（7）单击【运动副】对话框中的【确定】按钮，完成旋转副 J003 创建。

图 9-73　【运动副】对话框

图 9-74　啮合连杆

4. 创建滑块副

（1）单击【主页】选项卡【机构】面组上【接头】按钮，打开【运动副】对话框。

（2）在【类型】下拉列表框中选择【滑块】类型，如图 9-75 所示。

（3）单击【选择连杆】选项，在视图区选择连杆 L003。

（4）单击【指定原点】选项，在视图区选择连杆 L003 中任一点作为原点。

（5）单击【指定矢量】选项，选择连杆 L003 上表面，如图 9-76 所示。

（6）单击【运动副】对话框中的【确定】按钮，完成滑块副 J004 创建。

（7）按照前面的步骤，创建另一边的 3 个旋转副，并解算验证剪式机构的运动是否正确。

图 9-75　【运动副】对话框

图 9-76　啮合连杆

9.3.4　创建螺杆机构运动副

螺杆机构的运动原理是：运动块 1 相对螺杆可以滑动，运动块 2 则固定在螺杆的一端。螺杆旋转时，两运动块的距离减少，从而顶起重物，如图 9-77 所示。它一共需要创建 4 个运动副，具体的步骤如下。

图 9-77　划分运动副

说明　　　　J008、J009 为旋转副需要咬合对应的连杆，J010 为螺旋副咬合运动块 1，J011 为旋转副咬合运动块 2 且为主运动。

1. 创建旋转副 1

（1）单击【主页】选项卡【机构】面组上的【接头】按钮 ，打开【运动副】对话框。

（2）单击【选择连杆】选项，在视图区选择连杆 L007。

（3）单击【指定原点】选项，在视图区选择连杆 L005 上的圆心点作为原点，如图 9-78 所示。

（4）单击【指定矢量】选项，选择连杆 L004 上表面，使 Z 方向指向轴心，如图 9-79 所示。

（5）单击【底数】标签，打开【底数】选项卡，如图 9-80 所示。

图 9-78 指定原点（一）　　图 9-79 指定矢量（一）　　　图 9-80 【运动副】对话框

（6）单击【选择连杆】选项，在视图区选择连杆 L005，如图 9-81 所示。
（7）单击【运动副】对话框中的【确定】按钮，完成旋转副 J008 创建。

2. 创建旋转副

（1）单击【主页】选项卡【机构】面组上的【接头】按钮，打开【运动副】对话框。
（2）单击【选择连杆】选项，在视图区选择连杆 L008。
（3）单击【指定原点】选项，在视图区选择连杆 L002 上的圆心点作为原点，如图 9-82 所示。
（4）单击【指定矢量】选项，选择系统提示的 Z 方向，如图 9-83 所示。

图 9-81 啮合连杆　　　　　图 9-82 指定原点（二）　　　　图 9-83 指定矢量（二）

（5）单击【底数】标签，打开【底数】选项卡，如图 9-84 所示。
（6）单击【选择连杆】选项，在视图区选择连杆 L003，如图 9-85 所示。
（7）单击【运动副】对话框中的【确定】按钮，完成旋转副 J009 创建。

图 9-84　【运动副】对话框（一）

图 9-85　啮合连杆

3. 创建螺旋副

（1）单击【主页】选项卡【机构】面组上【接头】按钮，打开【运动副】对话框。

（2）在【类型】下拉列表框中选择【螺旋副】类型，如图 9-86 所示。

（3）单击【选择连杆】选项，在视图区选择螺杆 L006。

（4）单击【指定原点】选项，在视图区选择 L006 的圆心，如图 9-87 所示。

图 9-86　【运动副】对话框（二）

图 9-87　指定原点

（5）单击【指定矢量】选项，选择 L006 的柱面，如图 9-88 所示。

（6）单击【底数】标签，打开【底数】选项卡。

（7）单击【选择连杆】选项，选择连杆 L007。

（8）单击【方法】标签，打开【方法】选项卡。

（9）在【方法】下拉列表框中选择【比率】，在【值】文本框中输入 3，如图 9-89 所示。

（10）单击【运动副】对话框中的【确定】按钮，完成螺旋副 J010 创建。

图 9-88　指定矢量

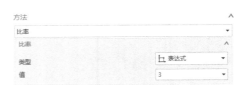

图 9-89　【方法】选项卡

4．创建旋转副

（1）单击【主页】选项卡【机构】面组上的【接头】按钮，打开【运动副】对话框。
（2）在【类型】下拉列表框中选择【旋转副】类型。
（3）单击【选择连杆】选项，在视图区选择连杆 L006，
（4）单击【指定原点】选项，在视图区选择连杆 L008 上的圆心点作为原点。
（5）单击【指定矢量】选项，选择连杆 L006 上柱面，使 Z 方向指向轴心。
（6）单击【底数】标签，打开【底数】选项卡，如图 9-90 所示。
（7）单击【选择连杆】选项，在视图区选择连杆 L008，如图 9-91 所示。

图 9-90　【底数】选项卡

图 9-91　指定原点、矢量和啮合

（8）单击【驱动】标签，打开【驱动】选项卡，如图 9-92 所示。
（9）在【旋转】下拉列表框中选择【多项式】类型。在【速度】文本框中输入 800，如图 9-93 所示。
（10）单击【运动副】对话框中的【确定】按钮，完成旋转副 J011 的创建。

图 9-92　【运动副】对话框

图 9-93　【旋转】选项卡

9.3.5　干涉检查

剪式千斤顶一共有 8 个连杆，全面的干涉检查比较花费时间。本实例对比较重要的 3 个连接点进行干涉检查，如运动块、顶块等，具体的步骤如下。

1．干涉检查

（1）单击【分析】选项卡【运动】面组上【干涉】按钮，打开【干涉】对话框，如图 9-94 所示。

（2）在【类型】下拉列表框中选择【创建实体】类型。

（3）在【设置】选项卡中勾选【事件发生时停止】复选框和【激活】复选框，如图 9-95 所示。

图 9-94　【干涉】对话框　　　　　　　　　图 9-95　【设置】选项卡

（4）在视图区选择运动块 2 作为第一组对象。

（5）在视图区选择通道作为第二组对象，如图 9-96 所示。

（6）单击【干涉】对话框中的【确定】按钮，完成干涉的设置。

（7）按照相同的步骤完成运动块 2 的干涉设置、顶块和连接杆的干涉设置，如图 9-97 所示。

图 9-96　选择对象（一）　　　　　　　　图 9-97　选择对象（二）

2．求解结果

（1）单击【主页】选项卡【解算方案】面组上的【解算方案】按钮，打开【解算方案】对话框。

（2）在【解算方案选项】选项卡文本框中输入时间为 10，步数为 1000，如图 9-98 所示。

（3）单击【解算方案】对话框中的【确定】按钮，完成解算方案。

（4）单击【主页】选项卡【解算方案】面组上的【求解】按钮▣，求解出当前解算方案的结果。

3．动画分析

（1）单击【分析】选项卡【运动】面组上的【动画】按钮🔧，打开【动画】对话框，如图 9-99 所示。

（2）在【动画】对话框中勾选【事件发生时停止】复选框和【干涉】复选框。

（3）单击【播放】按钮 ▶ ，开始运动仿真动画。

图 9-98　【解算方案】对话框　　　　　　图 9-99　【动画】对话框

（4）当运动仿真动画开始时，顶块与运动杆发生碰撞，如图 9-100 所示。

（5）单击【暂停】按钮 ‖ ，暂停运动仿真。

📖 **说明**　　　一旦发生干涉，软件在每一步都需要创建干涉体，速度相当慢，因此暂停或结束动画分析。

图 9-100　动画效果（右为创建的干涉实体）

（6）单击【列出干涉】按钮▣，打开【信息】对话框，如图 9-101 所示，显示 In001 和 In002 干涉。

（7）单击【动画】对话框中的【关闭】按钮，完成干涉检查，顶块与运动杆有明显的干涉，需要进行修整。

图 9-101 【信息】对话框

9.3.6 转速和顶起速度的图表

创建剪式千斤顶转速和顶起速度的图标，可以通过 UG NX 的图表输出求取，具体步骤如下。

（1）单击【分析】选项卡【运动】面组上的【XY 结果】按钮，打开【XY 结果视图】面板。

（2）在【运动导航器】列表框中选择螺旋副 J010 作为运动对象。

（3）在【XY 结果视图】面板中选择【绝对】类型中的【速度】类型。

（4）在【速度】下拉列表框中选择【角度幅值】类型，如图 9-102 所示。

（5）在【角度幅值】上单击右键，在打开的快捷菜单中选择【绘图】，打开【查看窗…】对话框，如图 9-103 所示。单击【新建窗口】按钮，打开【图形窗口 1】对话框，如图 9-104 所示。完成剪式千斤顶转速图表的创建。

图 9-102 【XY 结果视图】面板

图 9-103 【查看窗…】对话框

（6）在【运动导航器】列表框中选择滑动副 J007 作为运动对象。

（7）在【XY 结果视图】面板中选择【绝对】类型中的【速度】类型。

（8）在【速度】下拉列表框中选择【幅值】类型，如图 9-105 所示。

图 9-104 螺杆转速图

图 9-105 【XY 结果视图】面板

（9）在【幅值】上单击右键，在打开的快捷菜单中选择【绘图】，打开【查看窗…】对话框，如图 9-106 所示。单击【新建窗口】按钮，打开【图形窗口 1】对话框，如图 9-107 所示，完成剪式千斤顶顶起速度图表的创建。

图 9-107 顶起速度图表

图 9-106 "查看窗…"对话框

9.3.7 测量最大顶起高度

剪式千斤顶的理论最大顶起高度在两运动块相接触时测量得出。测量时先需要定义两运动块的干涉，再使用测量命令定义底座和顶块的距离。具体步骤如下。

1. 干涉检查

（1）单击【分析】选项卡【运动】面组上【干涉】按钮，打开【干涉】对话框，如图 9-108 所示。

（2）在【类型】下拉列表框中选择【创建实体】类型。

（3）在【设置】选项卡中勾选【事件发生时停止】复选框和【激活】复选框，如图 9-109 所示。

（4）在视图区选择长方体作为第一组对象，如图 9-110 所示。

（5）在视图区选择通道作为第二组对象。

图 9-108　【干涉】对话框

图 9-109　【设置】选项卡

图 9-110　选择对象（一）

说明　为了避免原先创建干涉体的干扰，请删除之前创建的 3 个干涉命令。

（6）单击【干涉】对话框中的【确定】按钮，完成干涉的设置。

2．测量距离

（1）单击【分析】选项卡【运动】面组上的【测量】按钮 ，打开【测量】对话框。

（2）在【类型】下拉列表框中选择【最小距离】类型，如图 9-111 所示。

（3）在视图区选择底座作为第一组对象，如图 9-112 所示。

（4）在视图区选择顶块作为第二组对象。

（5）在【设置】选项卡的【测量条件】下拉列表框中选择【目标】类型，勾选【激活】复选框，如图 9-113 所示。

图 9-111　【测量】对话框

图 9-112　选择对象（二）

图 9-113　【设置】选项卡

（6）单击【测量】对话框中的【确定】按钮，完成测量条件的设置。

3．求解结果

（1）单击【主页】选项卡【解算方案】面组上的【解算方案】按钮 ，打开【解算方案】对话框。

（2）在【解算方案选项】选项卡文本框中输入时间为 50，步数为 1000，如图 9-114 所示。

（3）单击【解算方案】对话框中的【确定】按钮，完成解算方案。

（4）单击【主页】选项卡【解算方案】面组上【求解】按钮 ，求解出当前解算方案的结果。

4. 动画分析

（1）单击【分析】选项卡【运动】面组上的【动画】按钮，打开【动画】对话框，如图 9-115 所示。

（2）勾选【事件发生时停止】复选框、【干涉】复选框和【测量】复选框，如图 9-116 所示。

图 9-114 【解算方案】对话框

图 9-115 【动画】对话框   图 9-116 封装选项

（3）单击【播放】按钮 ，开始运动仿真动画。

（4）当运动仿真动画到第 36s 时，模型发生干涉，动画停止，如图 9-117 所示。并打开【动画事件】对话框，结果如图 9-118 所示。

（5）单击【动画事件】对话框中的【确定】按钮，取消暂停，此时绘图区显示距离为 306.5573。

（6）单击【动画】对话框中的【关闭】按钮，求得剪式千斤顶的理论最大顶起高度为 306.5573。

图 9-117 【动画事件】对话框   图 9-118 动画效果

9.4 练习题

1. 简述干涉命令和测量命令在运动机构设计中的意义。
2. 追踪、追踪当前位置和追踪整个机构这三个命令有什么不同？
3. 智能点和标记的定义是什么？智能点可以用于图表输出吗？

第 10 章
XY 函数编辑器

运动仿真应用模块中，通过 XY 函数编辑器可以定义复杂的函数控制位移、速度、加速度和力。XY 函数编辑器分为运动函数、AFU 格式表两大类型。

重点与难点

理解并使用 XY 函数编辑器、XY 函数管理器。
创建简谐运动函数、阶梯函数、多项式函数等。
创建简单的 AFU 格式表。

10.1 运动函数

运动函数是基于时间的复杂数学函数，通过 XY 函数管理器调用，如图 10-1 所示。运动函数可以定义运动驱动、施加力、扭矩等所需函数。常用的运动函数包含简谐运动函数、阶梯函数、多项式函数。XY 函数编辑器的用途如下。

- 一般：创建一个用于一般用途的函数。
- 运动：创建一个用于运动仿真应用模块的函数。
- 响应仿真：创建一个用于响应仿真应用模块的激励函数。

图 10-1　XY 函数

10.1.1 多项式函数

扫码看视频

多项式函数 POLY（x, x_0, a_0, a_1, $\cdots$, a_{30}），可以创建光顺变化的函数值，主要用于递增或递减的速度或加速度上。它的方程定义如下：

$$P(x) = \sum_{j=0}^{n} a_j (x - x_0)^j$$
$$= a_0 + a_1(x - x_0) + a_2(x - x_0)^2 + \cdots + a_n(x - x_0)^n$$

其中 x 表示自变量，一般是时间（time），可默认不设置；x_0 表示多项式的偏移量，可定义为任何常数；a_1, $\cdots$, a_n 表示多项式的系数，系数越大，函数值越大。

本小节使用多项式函数对风扇旋转副定义加速度，具体步骤实例如下。

1. 编辑运动副

（1）启动 UG NX 12，打开 Motion /chapter10/10.1/ Fan / motion_1.sim。出现风扇模型，如图 10-2 所示。

（2）打开运动导航器，双击运动副 J001，如图 10-3 所示，打开【运动副】对话框。

（3）单击【驱动】标签，打开【驱动】选项卡，如图 10-4 所示。

（4）在【旋转】下拉列表框中选择【函数】类型。

（5）在【数据类型】下拉列表框中选择【加速度】类型，如图 10-5 所示。

图 10-2　风扇　　　　　　图 10-3　运动导航器　　　　图 10-4　【运动副】对话框

（6）单击【函数】右侧按钮 ⬇，选择【函数管理器】类型，打开【XY 函数管理器】对话框，如图 10-6 所示。

（7）单击【新建】按钮 ✐，打开【XY 函数编辑器】对话框。

图 10-5　【驱动】选项卡　　　　　　图 10-6　【XY 函数管理器】对话框

（8）在【插入】下拉列表框中选择【运动函数】类型，并选择 PLOY 类型。

（9）单击【添加】按钮 ⬆，加入多项式函数。

（10）在【公式】文本框中，将 POLY（x，x_0，a_0，a_1，…，a_{30}）修改为 POLY（x，0，0，1，30），【轴单位设置】选项如图 10-7 所示。

说明　　　　运动函数不可以在对话框中预览，但是，根据图表输出数据可推断其曲线变化。

（11）单击【XY 函数编辑器】对话框中的【确定】按钮，完成编辑。

（12）单击【XY 函数管理器】对话框中的【确定】按钮，选择函数 POLY。

（13）单击【运动副】对话框中的【确定】按钮，完成运动副加速度的定义。

2．创建图表

（1）单击【主页】选项卡【解算方案】面组上的【求解】按钮，求解出当前解算方案的结果。

（2）单击【分析】选项卡【运动】面组上的【仿真】下拉菜单中的【XY结果】按钮，打开【XY结果视图】面板。

（3）在【运动导航器】列表框中选择旋转副J001作为运动对象。

（4）在【XY结果视图】面板中选择【加速度】类型。

（5）在【加速度】下拉列表框中选择【角度幅值】类型，如图10-8所示。

图10-7 【XY函数编辑器】对话框

图10-8 【XY结果视图】面板

（6）在【角度幅值】上单击右键，在打开的快捷菜单中选择【绘图】，打开【查看窗…】对话框，选择【新建窗口】按钮，计算得出加速度在3s内曲线变化的图表，如图10-9所示。加速度由零逐渐增加到280。

10.1.2　简谐运动函数

扫码看视频

简谐运动函数SHF（x，x_0，a，ω，phi，b）的波形为正弦线，主要用于摇摆机构上。简谐运动函数的方程定义如下：

$$SHF=a\sin(\omega(x-x_0)-phi)+b$$

其中 x 表示自变量，一般是时间（time），可默认不定义；x_0 表示自变量的相位偏移；a 表示振幅，振幅越大值越大；ω 表示频率；phi 表示正弦函数的相位偏差；b 表示平均位移。

图 10-9　风扇加速度变化图表

本小节使用简谐运动函数对单摆旋转副定义周期性的摆动角度，具体步骤实例如下。

1．编辑运动副

（1）启动 UG NX 12，打开 Motion /chapter10/10.1/ Shf / motion_1.sim。出现单摆模型，如图 10-10 所示。

（2）打开导航器，双击运动副 J001，如图 10-11 所示，打开【运动副】对话框。

（3）单击【驱动】标签，打开【驱动】选项卡。

（4）在【旋转】下拉列表框中选择【函数】类型。

说明　　谐波函数除在 XY 函数编辑器创建外，一般可以直接在【旋转】下拉列表框中选择【谐波】，如图 10-12 所示。

图 10-10　单摆　　　　图 10-11　运动导航器　　　　图 10-12　【运动副】对话框

（5）在【数据类型】下拉列表框中选择【位移】类型。

（6）单击【函数】右侧按钮，选择【函数管理器】类型，如图 10-13 所示。打开【XY 函数管理器】对话框，如图 10-14 所示。

图 10-13 【运动副】对话框

图 10-14 【XY 函数管理器】对话框（一）

（7）单击【新建】按钮，打开【XY 函数编辑器】对话框，如图 10-15 所示。

（8）在【插入】下拉列表框中选择【运动函数】类型，并选择 SHF 类型。

（9）单击【添加】按钮，加入谐波运动函数。

（10）在【公式】文本框中，将 SHF（x，x_0，a，ω，phi，b）修改为 SHF（x，0，45，10，0，0），【轴单位设置】如图 10-16 所示。

图 10-15 【XY 函数编辑器】对话框（二）

图 10-16 【函数定义】选项卡

（11）单击【XY 函数编辑器】对话框中的【确定】按钮，完成编辑。

（12）单击【XY 函数管理器】对话框中的【确定】按钮，选择函数 SHF。

（13）单击【运动副】对话框中的【确定】按钮，完成运动副角度位移的定义。

图 10-17　【图表】对话框

2．创建图表

（1）单击【主页】选项卡【解算方案】面组上的【求解】按钮，求解出当前解算方案的结果。

（2）单击【分析】选项卡【运动】面组上的【仿真】下拉菜单中的【XY 结果】按钮，打开【XY 结果视图】面板。

（3）在【运动导航器】下拉列表框中选择旋转副 J001 作为运动对象。

（4）在【XY 结果视图】面板中选择【位移】类型。

（5）在【位移】下拉列表框中选择【角度】类型，如图 10-17 所示。

（6）在【角度】上单击右键，在打开的快捷菜单中选择【绘图】，打开【查看窗…】对话框，单击【新建窗口】按钮，计算出单摆在 10s 内角度变化的图表，如图 10-18 所示。

说明	输入简谐函数的频率，并不等于单摆实际摆动的频率，需要多次修正才能达到预设值。

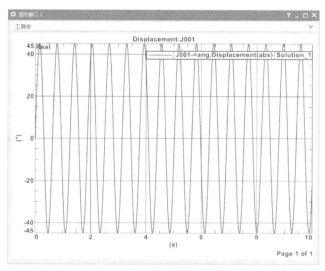

图 10-18　单摆角度变化图表

10.1.3　间歇函数

间歇函数 STEP（x，x_0，h_0，x_1，h_1）的波形如图 10-19 所示，主要用于复杂时间控制运动机构上。间歇函数的方程定义如下：

$$a = h_1 - h_0$$

$$\Delta = (x - x_0)/(x_1 - x_0)$$

$$\text{STEP} = \begin{cases} h_0 & : \quad x \leqslant x_0 \\ h_0 + \alpha \Delta^2 (3 - 2\Delta) & : \quad x_0 < x < x_1 \\ h_1 & : \quad x \geqslant x_1 \end{cases}$$

其中 x 表示自变量，可以是 time 或 time 的任一函数。x_0 表示自变量的 STEP 函数开始值，可以是常数、函数表达式或设计变量；x_1 表示自变量的 STEP 函数结束值，可以是常数、函数表达式或设计变量；h_0 表示 STEP 函数的初始值，可以是常数、设计变量或其他函数表达式；h_1 表示 STEP 函数的最终值，可以是常数、设计变量或其他函数表达式。

本小节使用间歇函数控制小车行驶到模拟道路尽头后停止，具体步骤实例如下。

1. 编辑运动副

（1）启动 UG NX 12，打开 Motion /chapter10/10.1/ Damper / motion_1.sim。出现小车模型，如图 10-20 所示。

图 10-19　间歇函数的波形

图 10-20　小车模型

（2）打开导航器，双击运动副 J001，如图 10-21 所示，打开【运动副】对话框。

（3）单击【驱动】标签，打开【驱动】选项卡，如图 10-22 所示。

图 10-21　运动导航器

图 10-22　【运动副】对话框

（4）在【平移】下拉列表框中选择【函数】类型。

（5）在【函数数据类型】下拉列表框中选择【位移】类型，如图 10-23 所示。

（6）单击【函数】右侧按钮 ，选择【函数管理器】类型，打开【XY 函数管理器】对话框，如图 10-24 所示。

图 10-23　【平移】选项卡　　　　　　　　　图 10-24　【XY 函数管理器】对话框

（7）单击【新建】按钮 ，打开【XY 函数编辑器】对话框，如图 10-25 所示。

（8）在【插入】下拉列表框中选择【运动函数】类型，并选择 STEP 类型。

（9）单击【添加】 图标，加入间歇函数。

（10）在【公式】文本框中，将 STEP（x，x_0，h_0，x_1，h_1）修改为 STEP（x，0，0，1，75），如图 10-26 所示。

说明　　　h_1=75 是 STEP 函数的最终值，此值为测量车头到模拟道路终点的距离。

（11）单击【XY 函数编辑器】对话框中的【确定】按钮，完成编辑。

（12）单击【XY 函数管理器】对话框中的【确定】按钮，选择函数 STEP。

（13）单击【运动副】对话框中的【确定】按钮，完成运动副位移的定义。

2．动画分析

（1）单击【主页】选项卡【解算方案】面组上的【求解】按钮 ，求解出当前解算方案的结果。

（2）单击【分析】选项卡【运动】面组上的【动画】按钮 ，打开【动画】对话框。

（3）单击【播放】按钮 ，开始运动仿真动画，如图 10-27 所示。

图 10-25 【XY 函数编辑器】对话框（一）

图 10-26 【XY 函数编辑器】对话框（二）

（4）单击【动画】对话框中的【关闭】按钮，完成动画的播放。

图 10-27 动画效果

（5）在【运动导航器】列表框中选择滑动副 J001 作为运动对象，在【XY 结果视图】面板中选择【绝对】类型中的【位移】，在【位移】下拉列表中选择【幅值】，在【幅值】上单击右键，在打开的快捷菜单中选择【绘图】，打开【查看窗…】对话框，单击【新建窗口】按钮，软件计算出小车在 2s 的位移变化的图表，如图 10-28 所示。在 0s 时曲线缓缓增加，在 0.2s 后为 45° 斜线，最后在 1s 后过渡到水平曲线，表示小车已经停止下来。

图 10-28　位移变化图表

10.2　AFU 格式表

软件将表 XY 函数存储为函数的辅助数据文件（AFU）格式，可以将有关表函数存储到一个或多个 AFU 文件。AFU 格式表能生成比运动函数更加复杂的函数，创建 AFU 格式表的类型如下。

- 在文本编辑器中手工输入数据点。
- 在电子表格中手工输入数据点 。
- 在图表栅格上选择数据点。
- 从另一个选定函数选择数据点。
- 从当前绘出在图表窗口中的另一个函数选择数据点。
- 随机生成数据点（基于用户输入的参数）。
- 使用波形扫掠来生成数据点。
- 使用现有数学函数来生成数据点。

10.2.1　对话框选项

XY 函数编辑器能定义特定函数的属性，可以输入某些数据，并将其填充到编辑器，XY 函数编辑器如图 10-29 所示。创建 AFU 格式表有 3 个步骤。

1. ID

ID 的含义是输入函数的标识符信息，它在运动仿真一般默认不动。其选项卡含义如下。

- 对于节点响应函数，响应值显示了节点 ID 及请求该响应的方向。对于模态响应函数，这些值显示了模态类型（柔性体模态的 MFLX）和模态 ID。
- 指出函数的载荷工况。此数字区分在不同载荷条件下相同位置处所测量的函数。
- 坐标系：指出函数的坐标系，使用代表坐标系的数字。例如：输入 0 表示笛卡儿坐标系，输入 1 表示柱坐标系，输入 2 表示球坐标系。
- 【ID 第 1 行】允许你输入或修改函数的标题，最多可以输入 80 个字符。

图 10-29 【XY 函数编辑器】对话框

2. 坐标系

【坐标系】选项卡是定义与 X 轴相关联的属性，其中横坐标的【间距】下拉列表框使用最为频繁，如图 10-30 所示，具体的含义如下。

- 等距：横坐标以恒定增量增加。
- 非等距：指定软件认为每个横坐标值都是唯一的。
- 序列：按顺序显示 X 轴数据，并按顺序标记 X 轴值，不论实际 X 值如何。软件以递增方式将每个值放置在图表的 X 轴上，而不用 X 值替代 X 轴的位置。

3. XY 数据

输入或生成函数的 XY 数据，也就是所讲解的创建 AFU 格式表方法。根据坐标系间距的定义不同，创建的方法也有所不同，如图 10-31 所示。

图 10-30 【XY 轴定义】选项卡

图 10-31 【XY 数据创建】选项卡

使用等距可以创建 AFU 格式表的类型有：

- 在文本编辑器中手工输入数据点；
- 在电子表格中手工输入数据点；
- 在图表栅格上选择数据点；
- 从另一个选定函数选择数据点。

使用非等距和序列可以创建 AFU 格式表的类型有：

- 从当前绘出在图表窗口的另一个函数中选择数据点；
- 随机生成数据点（基于用户输入的参数）；
- 使用波形扫掠来生成数据点；

● 使用现有数学函数来生成数据点。

10.2.2　使用随机数字

使用 AFU 格式表的随机数字类型能产生毫无规律的波形，本小节使用随机数字作为驱动使振动工作台工作，具体的步骤如下。

扫码看视频

1. 编辑运动副

（1）启动 UG NX 12，打开 Motion /chapter10/10.2/ AFU / motion_1.sim，出现如图 10-32 所示模型。

（2）打开导航器，双击滑动副 J001，如图 10-33 所示，打开【运动副】对话框。

（3）单击【驱动】标签，打开【驱动】选项卡，如图 10-34 所示。

（4）在【平移】下拉列表框中选择【函数】类型。

图 10-32　模型

图 10-33　运动导航器

图 10-34　【运动副】对话框（一）

（5）在【数据类型】下拉列表框中选择【位移】类型，如图 10-35 所示。

（6）在【函数】下拉列表框中选择【函数管理器】类型，打开【XY 函数管理器】对话框。

（7）单击【AFU 格式的表】单选按钮，设置创建类型为 AFU 格式的表，如图 10-36 所示。

图 10-35　【运动副】对话框（二）

图 10-36　【XY 函数管理器】对话框

（8）单击【新建】按钮 ∠，打开【XY 函数编辑器】对话框，如图 10-37 所示。

（9）单击【XY 轴定义】按钮 ∟，设置间距为等距，如图 10-38 所示。

图 10-37 【XY 函数编辑器】对话框（一）　　　　图 10-38 【XY 轴定义】选项卡

（10）单击【XY 数据】按钮 XY，打开【XY 数据创建】选项卡，如图 10-39 所示。

（11）单击【随机】按钮 ⋀，选择随机类型。

（12）在【预览】选项卡中单击【预览】按钮 ◎，打开【预览】选项卡显示随机的波形，如图 10-40 所示。

图 10-39 【XY 函数编辑器】对话框（二）　　　　图 10-40 【预览】选项卡

（13）单击【XY 函数编辑器】对话框中的【确定】按钮，完成编辑。

（14）在【XY 函数管理器】对话框中选择随机函数，单击【确定】按钮。

（15）单击【运动副】对话框中的【确定】按钮，完成运动副位移的定义。

> **说明**　单击 [绘图] 图标█，在绘图区显示随机的波形，如果需要返回模型，单击【结果】选项卡【布局】面组上的【返回到模型】█图标，将恢复到模型显示。

2. 创建图表

（1）单击【主页】选项卡【解算方案】面组上的【求解】按钮█，求解出当前解算方案的结果。

（2）单击【分析】选项卡【运动】面组上的【仿真】下拉菜单中的【XY 结果】按钮█，打开【XY 结果视图】面板。

（3）在【运动导航器】下拉列表框中选择滑动副 J001 作为运动对象。

（4）在【XY 结果视图】面板中选择【相对】类型，在【相对】下拉列表框中选择【位移】类型。

（5）在【位移】下拉列表框中选择【幅值】类型。

（6）在【幅值】上单击右键，在打开的快捷菜单中选择【绘图】，打开【查看窗…】对话框，单击【新建窗口】按钮，计算得出振动台在 5s 内位移变化的图表，如图 10-41 所示。

图 10-41　振动台位移变化图表

（7）按照相同的步骤定义 J002 的小球位移变化图表，如图 10-42 所示。

10.2.3　执行波形扫掠

使用 AFU 格式表的波形扫掠能提供常见波形，波形的频率不仅可以设置，而且在同一个波形内频率可以变化。波形扫掠一共有 4 种类型。

- 正弦波扫掠，如图 10-43 所示。
- 余弦波扫掠，如图 10-44 所示。
- 方波扫掠，如图 10-45 所示。

图 10-42　小球位移变化图表

图 10-43　正弦波

图 10-44　余弦波

图 10-45　方波

● 滤方波扫掠，如图 10-46 所示。

使用波形扫掠创建任何一种波形的步骤都是一样，这里以创建正弦波进行讲解，具体的步骤如下。

（1）单击【新建】按钮，打开【XY 函数编辑器】对话框，如图 10-47 所示。

（2）默认 ID 和坐标系参数，特别是间距要为等距。

（3）单击【XY 数据】图标 XY，打开【XY 数据创建】选项卡。

（4）单击【波形扫掠】图标，打开【波形扫掠创建】对话框，如图 10-48 所示。

（5）默认类型为正弦波扫掠，并设置频率参数。

图 10-46　滤方波　　　　　　图 10-47　【XY 函数编辑器】对话框　　　　图 10-48　【波形扫掠创建】对话框

（6）单击【波形扫掠创建】对话框中的【确定】按钮，完成波形设置。

（7）单击【XY 函数编辑器】对话框中的【确定】按钮，完成正弦波扫掠创建。

10.2.4　从栅格数字化

本小节使用从栅格数字化控制小车，使其行驶到模拟道路中间停止 1s，然后继续前进，直到尽头后停止，具体的步骤如下。

1．编辑运动副

（1）启动 UG NX 12，打开 Motion /chapter10/10.2/ Damper / motion_1.sim。出现小车模型，如图 10-49 所示。

（2）打开导航器，双击运动副 J001，如图 10-50 所示，打开【运动副】对话框。

（3）单击【驱动】标签，打开【驱动】选项卡，如图 10-51 所示。

图 10-49　小车模型

图 10-50　运动导航器

图 10-51　【运动副】对话框（一）

（4）在【平移】下拉列表框中选择【函数】类型。

（5）在【数据类型】下拉列表框中选择【位移】类型，如图 10-52 所示。

（6）单击【函数】右侧按钮 ，选择【函数管理器】类型，打开【XY 函数管理器】对话框。

（7）单击【AFU 格式的表】单选按钮，设置创建类型为 AFU 格式的表，如图 10-53 所示。

图 10-52　【运动副】对话框（二）

图 10-53　【XY 函数管理器】对话框

255

（8）单击【新建】按钮⌐，打开【XY 函数编辑器】对话框。

（9）单击【XY 轴定义】图标⌐，打开【轴定义】选项卡。

（10）在【间距】下拉列表框中选择【非等距】类型，如图 10-54 所示。

（11）单击【XY 数据】图标 XY，打开【XY 数据创建】选项卡，如图 10-55 所示。

图 10-54 【XY 函数编辑器】对话框

图 10-55 【XY 数据创建】选项卡

（12）单击【从栅格数字化】图标 /\，打开【数据点设置】对话框，如图 10-56 所示。

（13）在【第二点】文本框中输入 X 为 10（10s）、Y 为 75（位移距离为 75）。

（14）单击【数据点设置】对话框中的【确定】按钮，在视图区单击鼠标，打开【选取值】对话框，如图 10-57 所示。

图 10-56 【数据点设置】对话框

图 10-57 【选取值】对话框

（15）在 NX 绘图区，绘制如图 10-58 所示的曲线。

🔲 说明　　　　如果需要精确地定义曲线，可以在完成绘制后，单击【用文本编辑器编辑数据】图标▤，对数据进行精确的修改。

（16）单击【选取值】对话框中的 ✔ 按钮，完成栅格数字化波形创建。

（17）单击【XY 函数编辑器】对话框中的【确定】按钮，选择栅格数字化波形。

（18）单击【运动副】对话框中的【确定】按钮，完成运动副位移的定义。

（19）单击【结果】选项卡【布局】面组上的【返回到模型】按钮，恢复到模型显示。

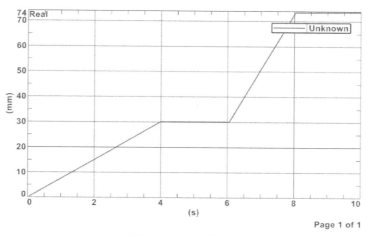

图 10-58　绘制曲线

2. 动画分析

（1）单击【主页】选项卡【解算方案】面组上的【求解】按钮，求解出当前解算方案的结果。

（2）单击【分析】选项卡【运动】面组上的【动画】按钮，打开【动画】对话框。

（3）单击【播放】按钮，开始运动仿真动画，如图 10-59 所示。

（4）单击【动画】对话框中的【关闭】按钮，完成动画分析。

图 10-59　动画效果

10.2.5　从数据（绘图）数字化

从数据（绘图）数字化类型能编辑原 AFU 格式表，创建新的波形，因此它可以很容易继承原波形，具体含义如下。

- 从数据数字化：在原 AFU 记录表上选择某个表，进入图表创建新的波形。
- 从绘图数字化：如果绘图区存在图表，则以原图表创建新的波形。如果没有图表，则不可以创建。从绘图数字化比从数据数字化少一个选择表的步骤。

使用【从数据数字化】类型创建 AFU 格式表的步骤如下。

（1）单击【新建】按钮，打开【XY 函数编辑器】对话框。

（2）单击【XY 轴定义】图标，打开【轴定义】选项卡。

（3）在【间距】下拉列表框中选择【非等距】类型，如图 10-60 所示。

（4）单击【XY 数据】图标 XY，打开【XY 数据创建】选项卡，如图 10-61 所示。

图 10-60　【XY 函数编辑器】对话框

图 10-61　【XY 数据创建】选项卡

（5）单击【从数据数字化】图标 ⋏⋏，打开【AFU 记录选择】对话框，如图 10-62 所示。

（6）选择某个 AFU 格式的表。

（7）单击【AFU 记录选择】对话框中的【确定】按钮，在视图区中单击，打开【选取值】对话框。

图 10-62　【AFU 记录选择】对话框

（8）在 NX 绘图区，可以在原正弦线上创建控制点绘制新的曲线，如图 10-63 所示。

（9）单击【选取值】对话框中的 ✔ 按钮，完成栅格数字化波形创建。

（10）单击【XY 函数编辑器】对话框中的【确定】按钮，选择栅格数字化波形。

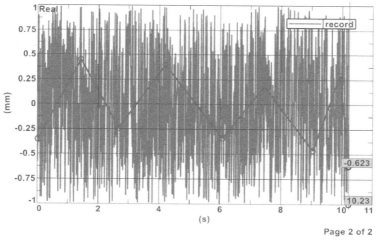

图 10-63　动画效果

10.2.6　从文本（电子表格）编辑器键入

本小节使用从文本编辑器键入类型，输入时间和位移的数据使按键连续按下 3 次，并在回弹和按下的过程中都暂停 1s，具体的步骤如下。

扫码看视频

1. 编辑运动副

（1）启动 UG NX 12，打开 Motion /chapter10/10.2/ dzbge / motion_1.sim。出现按键模型，如图 10-64 所示。

（2）打开导航器，双击滑动副 J001，如图 10-65 所示，打开【运动副】对话框。

（3）单击【驱动】标签，打开【驱动】选项卡，如图 10-66 所示。

（4）在【平移】下拉列表框中选择【函数】类型。

图 10-64　按键模型

图 10-65　运动导航器

图 10-66　【运动副】对话框

（5）在【数据类型】下拉列表框中选择【位移】类型，如图 10-67 所示。

（6）在【函数】下拉列表框中选择【函数管理器】类型，打开【XY 函数管理器】对话框。

（7）单击【AFU 格式的表】单选按钮，设置创建类型为 AFU 格式的表，如图 10-68 所示。

图 10-67 【运动副】对话框　　　　　　图 10-68 【XY 函数管理器】对话框（一）

（8）单击【新建】按钮，打开【XY 函数编辑器】对话框，如图 10-69 所示。

（9）单击【XY 轴定义】图标，【间距】设置为【等距】，单击【XY 数据】图标 xy，打开【XY 数据创建】选项卡。

（10）在【X 向最小值】文本框中输入 1、【X 向增量】文本框中输入 1、【点数】文本框中输入 10，如图 10-70 所示。

（11）单击【从文本编辑器键入】图标，打开【键入】对话框。

图 10-69 【XY 函数编辑器】对话框（二）　　　图 10-70 【XY 数据创建】选项卡

（12）在【键入】文本框中输入参数，如图 10-71 所示。

（13）单击【键入】对话框中的【确定】按钮，完成值的输入，如果点数不够，还可以在后面添加。

（14）在【预览】选项卡中单击【预览】图标，【预览】选项卡显示随机的波形，如图 10-72 所示。

图 10-71　【键入】对话框

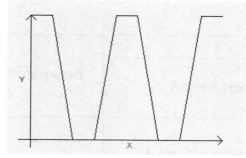

图 10-72　预览

（15）单击【XY 函数编辑器】对话框中的【确定】按钮，选择栅格数字化波形。

（16）单击【运动副】对话框中的【确定】按钮，完成运动副位移的定义。

2．动画分析

（1）单击【主页】选项卡【解算方案】面组上的【求解】按钮，求解出当前解算方案的结果。

（2）单击【分析】选项卡【运动】面组上的【动画】按钮，打开【动画】对话框。

（3）单击【播放】按钮，开始运动仿真动画，如图 10-73 所示。

（4）单击【动画】对话框中的【关闭】按钮，完成动画分析。

图 10-73　动画效果（0s、1.5s、2.5s、6s）

10.3　实例——料斗运动

本小节综合所学的 XY 函数编辑器命令，完成料斗模型的材料运输。它需要在各时间段对多个部件运动状态进行控制。料斗模型在一个工作周期的运动状态见表 10-1。

扫码看视频

表 10-1　料斗运动

时间	料斗动作	外壳动作	图片
0	上升 45mm		
1			
2			
3	旋转 180° 卸料	旋转 90° 避让料斗	
4			
5	逆时针旋转 180° 复原	逆时针旋转 90° 复原	
6			
7			
8	下降 45mm 复原		
9			
10			

10.3.1　分析思路

通过料斗模型在一个工作周期的运动状态，可以得出料斗模型的结构很简单：只有两个物体——料斗和外壳在运动，但是它们的动作和时间配合得相当紧密。

（1）连杆的划分。在整个过程中，虽然只有两个物体在运动，但是料斗要完成位移和旋转两个动作，因此必须为它创建一个辅助的连杆，分配其中的一个动作，那么料斗模型一共有 3 个连杆，如图 10-74 所示。

（2）运动副的划分。按照料斗模型规定的动作划分运动副。

图 10-74　划分连杆

- L001、L002 的运动的类型是旋转副。
- L003 运动的类型是滑动副，并咬合 L001。

（3）运动函数。本实例中 3 个运动副均为主运动，它们都有自己的驱动。各函数如下。

- L001、L002 的运动函数较复杂、时间节点多，使用 AFU 格式表从文本数字化键入类型。
- L003 的动作只是上升与下降，使用 STEP 函数。

10.3.2　定义连杆

料斗模型根据前面的分析，需要创建 3 个连杆，具体的步骤如下。

1．新建仿真

（1）启动 UG NX 12，打开 Motion /chapter10/10.3/ weizfz.prt。

（2）单击【应用模块】选项卡【仿真】面组上的【运动】按钮 ，进入运动仿真模块。

（3）在资源导航器中选择【运动导航器】，右击运动仿真 weizfz 图标，选择【新建仿真】，如图 10-75 所示。

（4）选择【新建仿真】后，软件自动打开【新建仿真】对话框，单击【确定】按钮，打开【环境】对话框，如图 10-76 所示。默认各参数，单击【确定】按钮。

图 10-75　新建仿真

图 10-76　【环境】对话框

2．创建连杆

（1）单击【主页】选项卡【机构】面组上的【连杆】按钮 ，打开【连杆】对话框，如图 10-77 所示。

（2）在视图区选择料斗为连杆 L001。

（3）单击【连杆】对话框中的【应用】按钮，完成连杆 L001 的创建。

（4）在视图区选择外壳为连杆 L002。

（5）单击【连杆】对话框中的【应用】按钮，完成连杆 L002 的创建。

（6）在视图区选择曲线为连杆 L003。

> **说明**　　由于辅助连杆 L003 为曲线，因此需要定义质量特性才能完成创建，如图 10-78 所示。

（7）单击【连杆】对话框中的【确定】按钮，完成连杆 L003 的创建。

图 10-77 【连杆】对话框

图 10-78 【质量与力矩】选项卡

10.3.3 创建料斗函数

料斗是本实例中完成动作最多的一个,它的运动状态是先上升 45mm,再顺时针旋转 180°、逆时针旋转 180°,最后下降 45mm,具体的步骤如下。

(1)单击【主页】选项卡【机构】面组上的【接头】按钮 ,打开【运动副】对话框,如图 10-79 所示。

(2)单击【选择连杆】选项,在视图区选择连杆 L001。

(3)单击【指定原点】选项,在视图区选择 L001 料斗转轴圆心,如图 10-80 所示。

图 10-79 【运动副】对话框

图 10-80 指定原点

(4)单击【指定矢量】选项,选择 L001 的柱面使 Z 方向平行于轴心,如图 10-81 所示。

(5)在【底数】选项卡中单击【选择连杆】选项,在视图区选择连杆 L003,如图 10-82 所示。

(6)单击【驱动】标签,打开【驱动】选项卡。

(7)在【旋转】下拉列表框中选择【函数】类型。

图 10-81　指定矢量

图 10-82　【底数】选项卡

（8）在【数据类型】下拉列表框中选择【位移】类型，如图 10-83 所示。

（9）在【函数】下拉列表框中选择【函数管理器】类型，打开【XY 函数管理器】对话框，如图 10-84 所示。

（10）单击【AFU 格式的表】单选按钮，设置创建类型为 AFU 格式的表。

图 10-83　【运动副】对话框

图 10-84　【XY 函数管理器】对话框

（11）单击【新建】按钮，打开【XY 函数编辑器】对话框，如图 10-85 所示。

（12）单击【XY 轴定义】按钮，打开【轴定义】选项卡，在【间距】下拉列表框中选择【等距】。

（13）单击【XY 数据】图标 XY，打开【XY 数据创建】选项卡。

（14）在【X 向最小值】文本框中输入 1、【X 向增量】文本框中输入 1、【点数】文本框中输入 10，如图 10-86 所示。

（15）单击【从文本编辑器键入】图标，打开【键入】对话框。

（16）在【键入】文本框中输入参数，如图 10-87 所示。

（17）单击【键入】对话框中的【确定】按钮，完成值的输入。

（18）在【预览】选项卡中单击【预览】图标 ⊛，在【预览】选项卡显示其波形，如图 10-88 所示。

（19）单击【XY 函数编辑器】对话框中的【确定】按钮，选择从文本数字化键入表。

（20）单击【运动副】对话框中的【确定】按钮，完成运动副的定义。

图 10-85 【XY 函数编辑器】对话框

图 10-86 【XY 数据创建】选项卡

图 10-87 【键入】对话框

图 10-88 预览

10.3.4 创建外壳函数

外壳是模型的第二个连杆，它需要在料斗卸料前顺时针旋转 90°，料斗卸料以后逆时针旋转 90°，具体的步骤如下。

（1）单击【主页】选项卡【机构】面组上的【接头】按钮 ，打开【运动副】对话框。

（2）单击【选择连杆】选项，在视图区选择连杆 L002。

（3）单击【指定原点】选项，在视图区选择连杆 L002 圆心，如图 10-89 所示。

（4）单击【指定矢量】选项，选择 L002 的侧面使 Z 方向平行于轴心，如图 10-90 所示。

图 10-89　指定原点

图 10-90　指定矢量

（5）单击【驱动】标签，打开【驱动】选项卡。

（6）在【旋转】下拉列表框中选择【函数】类型。

（7）在【数据类型】下拉列表框中选择【位移】类型，如图 10-91 所示。

（8）单击【函数】右侧按钮 ⬇，选择【函数管理器】类型，打开【XY 函数管理器】对话框。

（9）单击【AFU 格式的表】单选按钮，设置创建类型为 AFU 格式的表，如图 10-92 所示。

图 10-91　【运动副】对话框

图 10-92　【XY 函数管理器】对话框

（10）单击【新建】按钮 ⌐，打开【XY 函数编辑器】对话框，如图 10-93 所示。

（11）单击【XY 轴定义】按钮 ⌐，打开【轴定义】选项卡，在【间距】下拉列表框中选择【等距】。

（12）单击【XY 数据】图标 xy，打开【XY 数据创建】选项卡。

（13）在【X 向最小值】文本框中输入 1、【X 向增量】文本框中输入 1、【点数】文本框中输入 10，如图 10-94 所示。

（14）单击【从文本编辑器键入】图标 ▤，打开【键入】对话框。

图 10-93 【XY 函数编辑器】对话框

图 10-94 【XY 数据创建】选项卡

（15）在【键入】文本框中输入参数，如图 10-95 所示。

（16）单击【键入】对话框中的【确定】按钮，完成值的输入。

（17）在【预览】选项卡中单击【预览】图标🔍，【预览】选项卡显示其波形，如图 10-96 所示。

（18）单击【XY 函数编辑器】对话框中的【确定】按钮，选择从文本数字化键入。

（19）单击【运动副】对话框中的【确定】按钮，完成运动副的定义。

图 10-95 【键入】对话框

图 10-96 预览

10.3.5 创建辅助连杆函数

由于料斗既要旋转又需要位移，因此必须创建辅助连杆分配位移的运动副，并完成位移的驱动函数。具体的步骤如下。

（1）单击【主页】选项卡【机构】面组上的【接头】按钮🔧，打开【运动副】对话框。

（2）在【类型】下拉列表框中选择【滑块】类型，如图 10-97 所示。

（3）单击【选择连杆】选项，在视图区选择连杆 L003。

（4）单击【指定原点】选项，在视图区选择连杆 L003 中点作为原点。

（5）单击【指定矢量】选项，选择 L003 使 Z 方向平行于曲线，如图 10-98 所示。

图 10-97　【运动副】对话框

图 10-98　指定原点、矢量

（6）单击【驱动】标签，打开【驱动】选项卡。

（7）在【平移】下拉列表框中选择【函数】类型。

（8）在【数据类型】下拉列表框中选择【位移】类型，如图 10-99 所示。

（9）单击【函数】右侧按钮 ⬇，选择【函数管理器】类型，打开【XY 函数管理器】对话框，如图 10-100 所示。

图 10-99　【运动副】对话框

图 10-100　【XY 函数管理器】对话框

	由于 STEP 函数只能控制两个时间节点，而本实例中有 3 个节点，因此需要增
说明	加一个 STEP 函数。

（10）单击【新建】按钮，打开【XY 函数编辑器】
对话框。

（11）在【插入】下拉列表框中选择【运动函数】类
型，并选择 STEP 类型。

（12）单击【添加】图标◈，加入间歇函数。

（13）单击【加号】图标 + ，加入间歇函数。再单
击【添加】图标◈，又加入间歇函数。

（14）在【公式】文本框中，将 STEP（x，x_0，h_0，
x_1，h_1）+STEP(x，x_0，h_0，x_1，h_1) 修改为 STEP（x，0，0，
2，45）+STEP（x，8，0，10，-45），如图 10-101 所示。

（15）单击【XY 函数编辑器】对话框中的【确定】
按钮，完成编辑。

（16）单击【XY 函数管理器】对话框中的【确定】
按钮，选择函数 STEP。

（17）单击【运动副】对话框中的【确定】按钮，完
成运动副的定义。

图 10-101 【XY 函数编辑器】对话框

10.3.6 运动分析

由于料斗模型的运动状态和时间配合相当紧密，可以通过动画和 NX 的图表输出观察模型的运
动，以查出动作是否到位，具体的步骤如下。

1．求解结果

（1）单击【主页】选项卡【解算方案】面组上的【解算
方案】按钮，打开【解算方案】对话框。

（2）在【解算方案选项】选项卡文本框中输入时间为
10，步数为 1000，如图 10-102 所示。

（3）单击【解算方案】对话框中的【确定】按钮，完成
解算方案。

（4）单击【主页】选项卡【解算方案】面组上的【求解】
按钮，求解出当前解算方案的结果。

（5）单击【结果】选项卡【动画】面组上的【播放】按
钮，开始仿型运动机构运动，如图 10-103 所示。

图 10-102 【解算方案】对话框

（6）单击【结果】选项卡【动画】面组上的【完成】按钮，完成仿型运动机构的解算。

2．创建图表 1

（1）单击【分析】选项卡【运动】面组上的【仿真】下拉菜单中的【XY 结果】按钮，打开【XY
结果视图】面板。

（2）在【运动导航器】下拉列表框中选择
J001 作为运动对象。

（3）在【XY 结果视图】面板中选择【绝对】
类型中的【位移】类型。

（4）在【位移】下拉列表框中选择【角度】
类型，如图 10-104 所示。

（5）在【角度】上单击右键，在打开的快捷菜
单中选择【绘图】，打开【查看窗…】对话框，单
击【新建窗口】按钮，计算得出料斗角度位移图表。

图 10-103　动画效果（0s、1.5s、4s）

（6）在【运动导航器】下拉列表框中选择 J002 作为运动对象，在【XY 结果视图】面板中选择【绝
对】类型中的【位移】类型，在【位移】下拉列表框中选择【角度】类型，如图 10-105 所示。在【角度】
上单击右键，在打开的快捷菜单中选择【叠加】，计算出料斗和外壳角度位移图表，如图 10-106 所示。

图 10-104　【XY 结果视图】面板（一）

图 10-105　【XY 结果视图】面板（二）

3．创建图表 2

（1）单击【分析】选项卡【运动】面
组上的【仿真】下拉菜单中的【XY 结果】
按钮，打开【XY 结果视图】面板。

（2）在【运动导航器】下拉列表框中
选择运动副 J003 作为运动对象。

（3）在【XY 结果视图】面板中选择
【相对】类型中的【位移】类型，在【位移】
下拉列表中选择【幅值】类型，如图 10-
107 所示。

（4）在【幅值】上单击右键，在打开

图 10-106　料斗和外壳的角度位移图表

的快捷菜单中选择【绘图】，打开【查看窗…】对话框，单击【新建窗口】按钮，计算得出辅助连杆的位移图表，如图 10-108 所示。

图 10-107 【XY 结果视图】面板　　　　　图 10-108 辅助连杆的位移图表

10.3.7　干涉检查

料斗模型的运动状态和时间配合很紧密，一旦时间和动作不协调就可能发生干涉。为了避免实际情况下干涉的发生，现在对料斗和外壳进行干涉检查，具体的步骤如下。

1. 干涉检查

（1）单击【分析】选项卡【运动】面组上【干涉】按钮，打开【干涉】对话框。

（2）在【类型】下拉列表框中选择【创建实体】类型。

（3）在【设置】选项卡中勾选【事件发生时停止】复选框和【激活】复选框，如图 10-109 所示。

（4）在视图区选择料斗作为第一组对象。

（5）在视图区选择外壳作为第二组对象，如图 10-110 所示。

（6）单击【干涉】对话框中的【确定】按钮，完成干涉的设置。

2. 动画分析

（1）单击【分析】选项卡【运动】面组上的【动画】按钮，打开【动画】对话框。

（2）勾选【干涉】复选框，单击【播放】按钮，开始运动仿真动画。

（3）当料斗上升 40mm 后，红色高亮显示干涉设置的对象，说明发生模型干涉，如图 10-111 所示。

（4）单击【列出干涉】按钮，打开【信息】窗口，如图 10-112 所示，显示 In001 干涉。

图 10-109　【干涉】对话框

图 10-110　选择对象

图 10-111　动画效果（右为干涉实体）

图 10-112　【信息】窗口

（5）单击【动画】对话框中的【确定】按钮，完成干涉检查。由于存在干涉，需要对定义的上升距离或沟槽的长度尺寸进行修整，避免干涉的发生。

10.3.8　创建视频

完成料斗模型的运动分析后，可以记录整个运动过程的视频。具体的步骤如下。

（1）在运动导航器上右击 motion_1 运动仿真，如图 10-113 所示，选择【导出】→【MPEG】命令，打开【MPEG】对话框，如图 10-114 所示。

（2）单击【MPEG】对话框中的【确定】按钮，软件对创建 MPEG 开始解算。

（3）解算完成后，在指定的位置找到视频文件，双击文件后开始播放。

图 10-113　运动导航器

图 10-114　【MPEG】对话框

10.4　练习题

1．简述简谐运动函数、阶梯函数、多项式函数三者的区别。

2．运动函数和 AFU 格式表相比有什么区别？

3．使用 XY 函数编辑器创建特殊正弦线函数，正弦线随时间的增长振幅也增加，如图 10-115 所示。

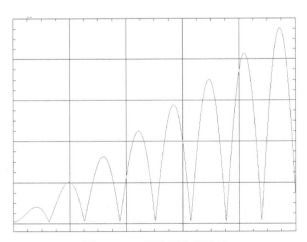

图 10-115　特殊正弦线函数

第 11 章
动力学分析综合实例

本章将综合复习 UG NX 12 运动仿真中学习过的相关内容。读者在学习的时候可以先独立完成模型的运动仿真，然后再对比实例的讲解思路，看看有什么不同。

重点与难点

理解动力学分析的基本思路。
掌握动力学分析的方法。

11.1 起重机模型优化

本节以起重机模型作为研究对象讲解模型优化的命令：编辑主模型尺寸和更新主模型。优化模型的方法可以是在运动仿真模块直接修改，也可以是在主模型修改，如图 11-1 所示。

图 11-1　优化模型

11.1.1　定义载荷

为了模拟起重机工作的过程，模型需要定义起重的扭矩（最大 400000N）和吊起重物的拉力（预设 800N）。它们分别使用矢量扭矩和矢量力创建，具体步骤如下。

1. 创建矢量扭矩

（1）打开 Motion /chapter11/11.1/ Model/ motion_1.sim，出现起重机模型，如图 11-2 所示。

（2）单击【主页】选项卡【加载】面组上的【矢量扭矩】按钮 🔧，打开【矢量扭矩】对话框，如图 11-3 所示。

图 11-2　起重机模型

（3）在【操作】选项，单击【选择连杆】选项，在视图区选择 L001。

（4）单击【指定原点】选项，在视图区选择 L001 上转轴圆心一点作为原点，如图 11-4 所示。

（5）在【参考】选项卡，单击【选择连杆】选项，在视图区选择 L001，单击【指定原点】选项，在视图区选择 L001 上转轴圆心一点作为原点，如图 11-4 所示，单击【指定矢量】选项，选择长方体侧面，如图 11-5 所示。

（6）单击【幅值】标签，打开【幅值】选项卡。

（7）在【类型】下拉列表框中选择【表达式】，在【值】文本框中输入 400000，施加 400000N 的扭矩，如图 11-6 所示。

（8）单击【矢量扭矩】对话框中的【确定】按钮，完成力的创建。

图 11-3　【矢量扭矩】对话框

图 11-4　指定原点

图 11-5　指定方位

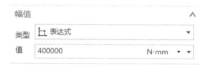

图 11-6　【幅值】选项卡

2. 创建矢量力

（1）单击【主页】选项卡【加载】面组上的【矢量力】按钮，打开【矢量力】对话框，如图 11-7 所示。

（2）在【操作】选项，单击【选择连杆】选项，在视图区选择连杆 L002。

（3）单击【指定原点】选项，在绘图区选择连杆 L002 任意一点。

（4）在【参考】选项，单击【选择连杆】选项，在视图区选择连杆 L002，单击【指定原点】选项，在绘图区选择连杆 L002 任意一点，单击【指定矢量】选项，指定力的方向为重力的方向，如图 11-8 所示。

（5）打开【幅值】选项，在【类型】下拉列表框中选择【表达式】，在【值】文本框中输入 800，施加 800N 的力。

（6）单击【矢量力】对话框中的【确定】按钮，完成力的创建。

图 11-7 【矢量力】对话框

图 11-8 指定原点和方位

11.1.2 运动分析

完成载荷的定义后，使用动画观察起重机的运动状态，其中模型必须需要考虑重力（默认
Gx=0、Gy=0、Gz=-9806.65）对整个模型的影响。具体的步骤如下。

（1）单击【主页】选项卡【解算方案】面组上的【解算方案】按钮🖗，打开【解算方案】对话框。

（2）在【解算方案选项】选项卡文本框中输入时间为 3，步数为 1000。

（3）勾选【按"确定"进行求解】复选框，如图 11-9 所示。

（4）单击【解算方案】对话框中的【确定】按钮，完成解算方案。

（5）单击【分析】选项卡【运动】面组上的【动画】按钮🖗，打开【动画】对话框，如图 11-10
所示。

图 11-9 【解算方案】对话框

图 11-10 【动画】对话框

（6）单击【播放】按钮 ▶ ，开始运动仿真动画，如图 11-11 所示。

（7）单击【动画】对话框中的【关闭】按钮，完成动画分析。

运动分析结果：起重机的扭矩不够大，无法拉起 800N 的载荷，需要减少力臂的长度（连杆 L001）。

图 11-11 动画效果

11.1.3 编辑主模型尺寸

根据分析的结果，减少力臂的长度，可以在主模型尺寸进行编辑。其中要注意的是几何参数要有表达式，非参数的模型不可以在主模型尺寸进行编辑，具体的步骤如下。

（1）单击【资源导航器】中的【装配导航器】按钮 ，打开【装配导航器】面板，选中模型 Model，单击右键，在打开的快捷菜单中选择图 11-12 所示的【在窗口中打开】命令，打开装配体模型。

（2）单击【应用模块】选项卡【仿真】面组上的【前/后处理】按钮 ，进入高级仿真界面。

（3）在【仿真导航器】面板中选择模型名称，单击右键，在打开的快捷菜单中选择图 11-13 所示的【新建理想化部件】命令。打开如图 11-14 所示的【新建理想化部件】对话框，指定保存的路径，单击【确定】按钮，打开如图 11-15 所示的【理想化部件警告】对话框，单击【确定】按钮，打开完成理想化部件的创建。

图 11-12 右键快捷菜单

图 11-13 右键快捷菜单

（4）单击【主页】选项卡【开始】面组上的【提升】按钮 ，打开图 11-16 所示的【提升体】对话框，选择整个模型，单击【确定】按钮，完成模型的提升。

图 11-14 【新建理想化部件】对话框

图 11-15 【理想化部件警告】对话框

图 11-16 【提升体】对话框

（5）选择【菜单】→【编辑】→【主模型尺寸】命令，打开【编辑尺寸】对话框，如图 11-17 所示。

（6）在【尺寸】下拉列表框中选择创建力臂的草图SKETCH_000:草图(23)。

（7）在【表达式】下拉列表框中选择力臂的长度尺寸Model::p66=600。

（8）在【值】文本框中输入 550，按 Enter 键，如图 11-18 所示。

（9）单击【编辑尺寸】对话框中的【确定】按钮，完成尺寸的修改。

说明

为了防止用户的误操作，【编辑尺寸】对话框中的【确定】按钮默认为灰色，必须在编辑表达式后，按 Enter 键时才能激活。对于非参数的模型，必须回到主模型进行编辑。

图 11-17 【编辑尺寸】对话框（一）

图 11-18 【编辑尺寸】对话框（二）

11.1.4 更新主模型

完成主模型尺寸的编辑后，仿真模型虽然修改，但是主模型没有更新。更新使用导出表达式命令执行，具体的步骤如下。

（1）单击【主页】选项卡【解算方案】面组上的【求解】按钮，求解出当前解算方案的结果。

（2）单击【结果】选项卡【动画】面组上的【播放】按钮，开始运动仿真动画，如图 11-19 所示。

（3）单击【结果】选项卡【动画】面组上的【完成】按钮，完成动画分析。

运动分析结果：起重机的扭矩能拉起对 800N 的载荷，力臂的长度适合。

图 11-19 动画效果

（4）选择【菜单】→【工具】→【表达式】命令，打开如图 11-20 所示的【表达式】对话框。

（5）在【导入/导出】选项卡单击【导出表达式】按钮，打开如图 11-21【导出表达式文件】对话框，输入表达式数据文件的名称，单击【OK】按钮，完成主模型的更新。

图 11-20 【表达式】对话框

图 11-21 【导出表达式文件】对话框

11.2 注射模

在本节将模拟注射模在完成一个注射周期内模具各部件的动作。本模具带有一抽芯机构，特别要注意部件的干涉。为了减少模具的复杂程度和观看性，本例对原模具某些部件进行剖开或删除。

扫码看视频

11.2.1 运动要求及分析思路

一般注射模的动作几乎来自于注塑机的牵引，但是有部分来自于模具的弹簧（如顶针板弹簧、滑块弹簧等）、抽芯机构和液压缸。本实例注射模要完成的动作见表 11-1。

表 11-1　注射模动作要求

时　间	动　作	部　件	图　片
0	开模 200mm，抽芯打开	动模，滑块	
1			
2			
3	顶针板顶出	顶针板，顶出杆，产品	
4	顶针板复位	顶针板，顶出杆，产品	
5	合模，抽芯复位	动模，滑块	
6			
7			

　　了解注射模相关的参数和要求后，对模型进行分析，具体思路如下。

　　（1）连杆的划分。在整个注射模内零件很多，但是有些动作是相同的，可以并为一个连杆。最终一共是 5 个，如图 11-22 所示。其中顶出杆是注塑机的部件，定模为固定连杆。

　　（2）运动副的划分。根据各部件规定的动作给出对应的运动副，其中滑块和顶针板是固定在动模上，需要啮合连杆。

　● L001 固定在固定板上，为固定副。

　● L002、L003、L004 和 L005 只能沿开模方向运动，全部为滑动副。

　● L002、L005 都由注塑机控制，为主运动。

　　（3）动作的约束。滑块的运动轨迹是以斜导柱为参照，顶针板只能在一定的范围内滑动，还要被顶出杆顶出，需要创建的约束如下。

　● L004 的动作受 L001 控制，因此之间需要约束为点在曲线上。

　● L003 只能在范围内滑动，还要被顶出，因此需要它和动模底座、顶出杆有两个 3D 接触。

说明

　　点在曲线上约束需要事先创建好曲线，曲线要圆弧过渡，如图 11-23 所示。

图 11-22　连杆的划分

图 11-23　创建曲线

11.2.2　创建连杆

注射模一共有 46 个部件，根据模具结构的归类，最终一共需要创建 5 个连杆，具体的步骤如下。

1.　新建仿真

（1）启动 UG NX 12，打开 Motion /chapter11 /11.2 / STC-08011.prt。

（2）单击【应用模块】选项卡【仿真】面组上的【运动】按钮 ，进入运动仿真界面。

（3）在资源导航器中选择【运动导航器】，右击运动仿真 STC-08011 图标，选择【新建仿真】，如图 11-24 所示。

（4）选择【新建仿真】后，软件自动打开【新建仿真】对话框，单击【确定】按钮，打开【环境】对话框，如图 11-25 所示。默认各参数，单击【确定】按钮。

图 11-24　新建仿真

图 11-25　【环境】对话框

2.　创建连杆

（1）单击【主页】选项卡【机构】面组上的【连杆】按钮 ，打开【连杆】对话框。

（2）在视图区选择定模为连杆 L001。

（3）勾选【无运动副固定连杆】复选框，固定定模，如图 11-26 所示。

（4）单击【连杆】对话框中的【应用】按钮，完成连杆 L001 的创建，如图 11-27 所示。

图 11-26　【连杆】对话框

图 11-27　创建连杆 L001

（5）在视图区选择定模为连杆 L002，如图 11-28 所示。

（6）单击【连杆】对话框中的【应用】按钮，完成连杆 L002 的创建。

> 说明　为了方便地选择部件，可以把先创建好的连杆隐藏。方法为在运动导航器中取消连杆前的勾选，如果需要显示，勾选方框，如图 11-29 所示。

（7）在视图区选择顶针、顶针板、导柱、成品为连杆 L003，如图 11-30 所示。

（8）单击【连杆】对话框中的【应用】按钮，完成连杆 L003 的创建。

图 11-28　创建连 L002 杆　　　图 11-29　运动导航器　　　图 11-30　创建连杆 L003

（9）在视图区选择滑块和点为连杆 L004，如图 11-31 所示。

（10）单击【连杆】对话框中的【应用】按钮，完成连杆 L004 的创建。

> 说明　由于需要创建点在曲线上约束，请事先在斜孔上创建点，再和滑块一起创建连杆。

（11）在视图区选择顶出杆连杆 L005，如图 11-32 所示。

（12）单击【连杆】对话框中的【确定】按钮，完成连杆 L005 的创建。

图 11-31　创建连杆 L004　　　　图 11-32　创建连杆 L005

11.2.3　动模动作

动模为滑动副在 2s 时要开模 200mm 的距离，中间还有暂停一段时间再合模。因此需要运动函数才能完成规定的动作，具体的步骤如下。

（1）单击【主页】选项卡【机构】面组上的【接头】按钮，打开【运动副】对话框。

（2）在【类型】下拉列表框中选择【滑块】类型，如图 11-33 所示。

（3）单击【选择连杆】选项，在视图区选择连杆 L002。

（4）单击【指定原点】选项，在视图区选择连杆 L002 的任意一点。

（5）单击【指定矢量】选项，选择连杆 L002 的侧面，如图 11-34 所示。

图 11-33 【运动副】对话框（一）

图 11-34　指定原点、矢量

（6）单击【驱动】标签，打开【驱动】选项卡。

（7）在【平移】下拉列表框中选择【函数】类型。

（8）在【数据类型】下拉列表框中选择【位移】类型，如图 11-35 所示。

（9）单击【函数】右侧按钮 ⬇，选择【函数管理器】类型，打开【XY 函数管理器】对话框，如图 11-36 所示。

图 11-35 【运动副】对话框（二）

图 11-36 【XY 函数管理器】对话框

（10）单击【新建】按钮 ✎，打开【XY 函数编辑器】对话框。

（11）在【插入】下拉列表框中选择【运动函数】类型。选择 STEP 子类型。

（12）单击【添加】 ✦ 图标，加入间歇函数。

（13）单击【加号】 ✚ 图标，加入间歇函数。再单击【添加】图标 ✦，又加入间歇函数。

（14）在【公式】文本框中，将 STEP (x, x_0, h_0, x_1, h_1) +STEP (x, x_0, h_0, x_1, h_1) 修改为 STEP $(x, 0, 0, 2, 200)$ +STEP $(x, 5, 0, 7, -200)$，如图 11-37 所示。

（15）单击【XY 函数编辑器】对话框中的【确定】按钮，完成编辑。

（16）单击【XY 函数管理器】对话框中的【确定】按钮，选择函数 STEP。

（17）单击【运动副】对话框中的【确定】按钮，完成运动副的定义。

11.2.4 滑块动作

图 11-37 【XY 函数编辑器】对话框

严格来说，滑块是动模的一部分，它可以相对动模滑动。滑块滑动的控制是定模上的斜导柱。为了简化仿真难道，滑块的运动轨迹是以斜导柱为参照的曲线。具体的步骤如下。

1. 创建滑块副

（1）单击【主页】选项卡【机构】面组上的【接头】按钮 🗲，打开【运动副】对话框。

（2）在【类型】下拉列表框中选择【滑块】类型，如图 11-38 所示。

（3）单击【选择连杆】选项，在视图区选择连杆 L004。

（4）单击【指定原点】选项，在视图区选择连杆 L004 的任意一点。

（5）单击【指定矢量】选项，选择连杆 L004 的侧面使矢量指向 -Y，如图 11-39 所示。

（6）单击【底数】标签，打开【底数】选项卡，如图 11-40 所示。

（7）单击【选择连杆】选项，在视图区选择连杆 L002，如图 11-41 所示。

（8）单击【运动副】对话框中的【确定】按钮，完成滑动副创建。

图 11-38 【运动副】对话框

图 11-39　指定原点、矢量

图 11-40　【底数】选项卡

2．创建点在线上副

（1）单击【主页】选项卡【约束】面组上的【点在线上副】按钮，打开【点在线上副】对话框，如图 11-42 所示。

图 11-41　咬合连杆

图 11-42　【点在线上副】对话框

（2）单击【点】选项，选择连杆 L004 的点，注意开启点捕捉的已存在点功能，如图 11-43 所示。

（3）单击【选择曲线】选项，在视图区选择 3 段曲线，如图 11-44 所示。

图 11-43　指定点

图 11-44　选择曲线

（4）单击【点在线上副】对话框中的【确定】按钮，完成点在线上副的创建。

11.2.5　顶针板动作

顶针板动作的运动是注射模中最复杂的一个。它需要伴随动模运动，还要被顶出杆推动，完成顶出后，再使用弹簧复位。具体的步骤如下。

1．创建滑块副

（1）单击【主页】选项卡【机构】面组上【接头】按钮，打开【运动副】对话框。

（2）在【类型】下拉列表框中选择【滑块】类型，如图 11-45 所示。

（3）单击【选择连杆】选项，在视图区选择连杆 L003。

（4）单击【指定原点】选项，在视图区选择连杆 L003 的任意一点。

（5）单击【指定矢量】选项，选择连杆 L003 的侧面使矢量指向 Z，如图 11-46 所示。

（6）单击【底数】标签，打开【底数】选项卡，如图 11-47 所示。

图 11-45　【运动副】对话框

图 11-46　指定原点、矢量

（7）单击【选择连杆】选项，在视图区选择连杆 L002，如图 11-48 所示。

（8）单击【运动副】对话框中的【确定】按钮，完成滑动副创建。

图 11-47　【底数】选项卡

图 11-48　咬合连杆

2. 创建弹簧

（1）单击【主页】选项卡【连接器】面组上的【弹簧】按钮 ，打开【弹簧】对话框。

（2）在【连接件】下拉列表框中选择【连杆】类型，如图 11-49 所示。

（3）在【操作】选项卡中单击【选择连杆】选项，选择连杆 L003。

（4）单击【指定原点】选项，选择连杆 L003 的一点。

（5）在【底数】选项卡，单击【选择连杆】选项，选择连杆 L002。

（6）单击【指定原点】选项，选择连杆 L002 的一点，如图 11-50 所示。

图 11-49　【弹簧】对话框

图 11-50　指定原点

（7）在【表达式】文本框中输入 50，在【预紧长度】文本框中输入 80，如图 11-51 所示。

（8）单击【弹簧】对话框中的【确定】按钮，完成弹簧的创建。

> 说明　注射模弹簧要考虑预紧力，顶针板和动模固定板的距离为 75，给出弹簧的自由长度为 80。

3. 创建 3D 接触

（1）单击【主页】选项卡【接触】面组上的【3D 接触】按钮 🗇，打开【3D 接触】对话框，如图 11-52 所示。

（2）在【基本】和【高级】选项卡输入相应的参数值，如图 11-53 所示。

（3）单击【操作】选项卡中的【选择体】选项，选择第一个实体 L003。

（4）单击【基本】选项卡中的【选择体】选项，选择第二个实体 L002，如图 11-54 所示。

（5）单击【3D 接触】对话框中的【确定】按钮，完成 3D 接触的创建。

图 11-51　弹簧参数

图 11-52　【3D 接触】对话框

图 11-53　设置参数

图 11-54　选择实体

11.2.6　顶出杆动作

顶出杆是注塑机上的一部分，可以在开模方向上运动。它不需要啮合任何连杆，但是要定义与顶针板的 3D 接触。具体的步骤如下。

1．创建运动副

（1）单击【主页】选项卡【机构】面组上【接头】按钮，打开【运动副】对话框。

（2）在【类型】下拉列表框中选择【滑块】类型，如图 11-55 所示。

（3）单击【选择连杆】选项，在视图区选择连杆 L005。

（4）单击【指定原点】选项，在视图区选择连杆 L005 的圆心点。

（5）单击【指定矢量】选项，选择连杆 L005 的柱面使矢量指向轴心，如图 11-56 所示。

（6）单击【驱动】标签，打开【驱动】选项卡。

（7）在【平移】下拉列表框中选择【函数】类型。

图 11-55 【运动副】对话框

图 11-56 指定原点、矢量

（8）在【数据类型】下拉列表框中选择【位移】类型。

（9）单击【函数】右侧按钮，选择【函数管理器】类型，打开【XY 函数管理器】对话框，如图 11-57 所示。

图 11-57 【XY 函数管理器】对话框

（10）选择已存在的函数，单击【复制】图标，复制出间歇函数。

（11）选择复制的函数，单击【编辑】图标 ，复制出间歇函数。

（12）在【公式】文本框中，将 STEP（x，x_0，h_0，x_1，h_1）+STEP（x，x_0，h_0，x_1，h_1）修改为 STEP（x，3，0，4，35）+STEP（x，4，0，5，-35），如图 11-58 所示。

（13）单击【XY 函数编辑器】对话框中的【确定】按钮，完成编辑。

（14）单击【XY 函数管理器】对话框中的【确定】按钮，选择函数 STEP。

（15）单击【运动副】对话框中的【确定】按钮，完成运动副的定义。

2. 创建 3D 接触

（1）单击【主页】选项卡【接触】面组上的【3D 接触】按钮 ，如图 11-59 所示。

图 11-58 【XY 函数编辑器】对话框

图 11-59 【3D 接触】对话框

（2）在基本和高级选项卡输入相应的参数值，如图 11-60 所示。

（3）单击【操作】选项卡中的【选择体】选项，选择第一个实体 L005。

（4）单击【基本】选项卡中的【选择体】选项，选择第二实体 L004，如图 11-61 所示。

（5）单击【3D 接触】对话框中的【确定】按钮，完成 3D 接触的创建。

图 11-60 设置参数

图 11-61 选择实体

11.2.7　动画分析

完成运动副的创建，接下来使用动画分析检查模型的运动是否符合要求，以及运动的相关参数输出和调整等，具体步骤如下。

1. 解算方案

（1）单击【主页】选项卡【解算参数】面组上的【解算方案】按钮，打开【解算方案】对话框。
（2）在【解算方案选项】选项卡文本框中输入时间为 10，步数为 5000。
（3）勾选【按"确定"进行求解】复选框，如图 11-62 所示。
（4）单击【求解器参数】标签，打开【求解器参数】选项卡，设置相关参数，如图 11-63 所示。

说明　　由于多个 3D 的存在，解算时间比较长，可以适当地调整较大的误差、步长等加快解算过程。

图 11-62　【解算方案】对话框

图 11-63　【求解器参数】选项卡

（5）指定重力方向，在绘图区选择 Y 方向的边缘，使方向和模具安装后的重力一致，如图 11-64 所示。

（6）单击【解算方案】对话框中的【确定】按钮，完成解算方案。

2. 动画分析

（1）单击【分析】选项卡【运动】面组上的【动画】按钮，打开【动画】对话框。

（2）单击【播放】按钮，开始运动仿真动画，如图 11-65 所示是注射模滑块运动。

（3）单击【动画】对话框中的【关闭】按钮，完成动画分析。

图 11-64　指定方向

图 11-65　动画效果（滑块的运动）

11.2.8　图表输出

完成注射模的动画分析后，可以使用图表命令得出各部件位移曲线变化图表，方便分析是否能缩短模具动作的周期。本例对动模、顶针板、滑块创建位移曲线变化图表。具体的步骤如下。

（1）单击【分析】功能区【运动】组【仿真】下拉菜单中的【XY 结果】按钮，打开【XY 结果视图】面板。

（2）在【运动导航器】下拉列表框中选择滑动副 J002 作为运动对象。

（3）【XY 结果视图】面板中选择【相对】类型中的【位移】类型。

（4）在【位移】下拉列表框中选择【幅值】类型，如图 11-66 所示。

（5）在【幅值】上单击右键，在打开的快捷菜单中选择【绘图】，打开【查看窗…】对话框，如图 11-67 所示，选择绘图区为结果窗口。

（6）在【运动导航器】下拉列表框中选择滑动副 J005。

（7）在【XY 结果视图】面板中选择【相对】类型中的【位移】类型。

（8）在【位移】下拉列表框中选择【幅值】类型。

（9）在【幅值】上单击右键，在打开的快捷菜单中选择【叠加】，如图 11-68 所示，计算得出动模、顶针板的位移图表，如图 11-69 所示。

图 11-66　"XY 结果视图"面板（一）　　图 11-67　"查看窗…"对话框　　图 11-68　"XY 结果视图"面板（二）

（10）按照相同的步骤创建滑块（J003）的位移图表，如图 11-70 所示。

图 11-69　动模与顶针板位移图表

图 11-70　滑块位移图表

11.3　落地扇

　　本节将讲解普通落地扇的运动仿真。落地扇通常由电动机的转轴直接带动叶片旋转，之间没有任何齿轮、传动带等，比较容易创建运动仿真。

11.3.1　运动要求及分析思路

　　落地扇通常除电动机带动叶片旋转外，还有一个可以控制风扇摆头的按钮。本实例假设在开启风扇摆头的按钮的情况下进行模拟，其中风扇摆头的主动力依然是电动机，具体分析思路如下。

　　（1）连杆的划分。落地扇的部件从摆动轴以下都是固定不动的，头部一共有 14 个零件。相对固定零件可以并为一个连杆，一共需要创建 6 个连杆，如图 11-71 所示。

　　（2）运动副的划分。根据各部件规定的动作给出对应的运动副，其中大部分连杆都需要啮合风扇的外壳。

- L001 由电动机驱动，为旋转副，为了伴随风扇摆动需要啮合 L002。
- L002 为摆动的主支持，为旋转副。
- L003 需固定，为固定副。

图 11-71　划分连杆

- L004、L005 为旋转副，伴随外壳一起摆动。
- L006 为摆动的关键部件，它需要连接 L002 和 L003，在两端都需要创建旋转副。

　　（3）运动的传动。落地扇通过高速旋转的电动机得到风扇周期性的摆动，其间经过 3 次传动，需要创建的传动副如下。

- L004 和 L001 之间需要创建齿轮，且为蜗轮蜗杆形式，传动比为 0.1。
- L005 和 L004 之间需要创建齿轮，传动比为 0.3。

　　● L006 和 L007 之间为普通的运动副。

11.3.2　创建连杆

落地扇固定不动的部件可以不用设置为连杆，最终一共需要创建 6 个连杆，具体的步骤如下。

1．新建仿真

（1）启动 UG NX 12，打开 Motion /chapter11/11.3/dfs.prt，出现落地扇模型，如图 11-72 所示。

（2）单击【应用模块】选项卡【仿真】面组上的【运动】按钮 ，进入运动仿真界面。

（3）单击资源导航器的【运动导航器】，右击运动仿真 dfs 图标，选择【新建仿真】。

（4）选择【新建仿真】后，软件自动打开【新建仿真】对话框，单击【确定】按钮，打开【环境】对话框，如图 11-73 所示。单击【确定】按钮，默认各参数，激活运动工具栏。

2．创建连杆

（1）单击【主页】选项卡【机构】面组上的【连杆】按钮 ，打开【连杆】对话框，如图 11-74 所示。

图 11-72　落地扇　　　　　图 11-73　【环境】对话框　　　　　图 11-74　【连杆】对话框

（2）在视图区选择叶片为连杆 L001，如图 11-75 所示。

（3）单击【连杆】对话框中的【应用】按钮，完成连杆 L001 的创建。

（4）在视图区选择外壳、电动机为连杆 L002，如图 11-76 所示。

（5）单击【连杆】对话框中的【应用】按钮，完成连杆 L002 的创建。

（6）在视图区选择支柱为连杆 L003，如图 11-77 所示。

图 11-75　创建连杆 L001　　　　　图 11-76　创建连杆 L002　　　　　图 11-77　创建连杆 L003

（7）勾选【无运动副固定连杆】复选框，固定定模，如图 11-78 所示。

（8）单击【连杆】对话框中的【应用】按钮，完成连杆 L003 的创建。

（9）在视图区选择摆动按钮、小齿轮为连杆 L004，如图 11-79 所示。

图 11-78　【连杆】对话框

图 11-79　创建连杆 L004

（10）单击【连杆】对话框中的【应用】按钮，完成连杆 L004 的创建。

（11）在视图区选择大齿轮、转盘为连杆 L005，如图 11-80 所示。

（12）单击【连杆】对话框中的【应用】按钮，完成连杆 L005 的创建。

（13）在视图区选择摆动杆为连杆 L006，如图 11-81 所示。

（14）单击【连杆】对话框中的【确定】按钮，完成连杆 L006 的创建。

图 11-80　创建连杆 L005

图 11-81　创建连杆 L006

11.3.3　运动副

完成连杆的创建后，按照创建连杆顺序依次创建它们的运动副。具体的步骤如下。

1．创建旋转副 1

（1）单击【主页】选项卡【机构】面组上的【接头】按钮 ，打开【运动副】对话框，如图 11-82 所示。

（2）单击【选择连杆】选项，在视图区选择连杆 L001。

（3）单击【指定原点】选项，在视图区选择连杆 L001 转轴上的圆心点，如图 11-83 所示。

（4）单击【指定矢量】选项，选择 L001 的柱面，使方向指向轴心。

（5）单击【底数】标签，打开【底数】选项卡，如图 11-84 所示。

图 11-82 【运动副】对话框

图 11-83 指定原点

图 11-84 【底数】选项卡

（6）单击【选择连杆】选项，在视图区选择连杆 L002，如图 11-85 所示。

（7）单击【驱动】标签，打开【驱动】选项卡，如图 11-86 所示。

（8）在【旋转】下拉列表框中选择【多项式】类型。

（9）在【速度】文本框中输入 800，如图 11-87 所示。

（10）单击【运动副】对话框中的【确定】按钮，完成旋转副的创建。

图 11-85 啮合连杆

图 11-86 【驱动】选项卡（一）

图 11-87 【驱动】选项卡（二）

2. 创建旋转副 2

（1）单击【主页】选项卡【机构】面组上的【接头】按钮，打开【运动副】对话框。

（2）单击【选择连杆】选项，在视图区选择连杆 L002。

（3）单击【指定原点】选项，在视图区选择连杆 L002 转轴上的圆心点，如图 11-88 所示。

（4）单击【指定矢量】选项，选择连杆 L002 转轴的柱面，如图 11-89 所示。

（5）单击【运动副】对话框中的【确定】按钮，完成运动副的创建。

3. 创建旋转副 3

（1）单击【主页】选项卡【机构】面组上的【接头】按钮，打开【运动副】对话框。

（2）单击【选择连杆】选项，在视图区选择齿条连杆 L004。

图 11-88 指定原点（一）

图 11-89 指定矢量

（3）单击【指定原点】选项，在视图区选择 L004 的圆心点为原点，如图 11-90 所示。

（4）单击【指定矢量】选项，选择 L004 的柱面。

（5）单击【底数】标签，打开【底数】选项卡。

（6）单击【选择连杆】选项，在视图区选择连杆 L002，如图 11-91 所示。

（7）单击【运动副】对话框中的【确定】按钮，完成旋转副的创建。

（8）按照相同的步骤完成大齿轮旋转副的创建，并啮合 L002。

图 11-90 指定原点（二）

图 11-91 啮合连杆

11.3.4 创建传动副

落地扇通过高速旋转的电动机得到风扇周期性的摆动，在运动的过程中经过 3 次传递，即蜗轮蜗杆、齿轮和连杆，具体的步骤如下。

1. 创建齿轮副 1

（1）为了方便选择运动副，打开运动导航器，如图 11-92 所示。单击所有的连杆 ☑ ＼ 连杆 图标，隐藏连杆模型，只显示运动副图标，如图 11-93 所示。

（2）单击【主页】选项卡【耦合副】面组上的【齿轮耦合副】按钮 🐾，打开【齿轮耦合副】对话框，如图 11-94 所示。

（3）在视图区选择第一个旋转副 J001、第二个旋转副 J003。

（4）在【设置】选项卡的【显示比例】文本框中输入 1，如图 11-95 所示。

（5）单击【齿轮耦合副】对话框中的【确定】按钮，完成齿轮耦合副的创建，如图 11-96 所示。

图 11-92　运动导航器

图 11-93　运动副按钮

图 11-94　【齿轮耦合副】对话框

图 11-95　【设置】选项卡（一）

图 11-96　创建齿轮耦合副（一）

2．创建齿轮副 2

（1）单击【主页】选项卡【传动副】面组上【齿轮】按钮 ，打开【齿轮副】对话框。

（2）在视图区选择第一个旋转副 J003、第二个旋转副 J004。

（3）在【显示比例】文本框中输入 0.3，如图 11-97 所示。

（4）单击【齿轮耦合副】对话框中的【确定】按钮，完成齿轮耦合副的创建，如图 11-98 所示。

图 11-97　【设置】选项卡（二）

图 11-98　创建齿轮耦合副（二）

3．创建旋转副 1

（1）单击【主页】选项卡【机构】面组上的【接头】按钮 ，打开【运动副】对话框，如图 11-99 所示。

（2）单击【选择连杆】选项，在视图区选择连杆 L006。

（3）单击【指定原点】选项，在视图区选择连杆 L006 转轴上的圆心点，如图 11-100 所示。

（4）单击【指定矢量】选项，选择系统提示的坐标系 Z 轴。

（5）单击【底数】标签，打开【底数】选项卡，如图 11-101 所示。

图 11-99　【运动副】对话框

图 11-100　指定原点（一）

图 11-101　【底数】选项卡（一）

（6）单击【选择连杆】选项，在视图区选择连杆 L005，如图 11-102 所示。

（7）单击【运动副】对话框中的【确定】按钮，完成运动副的创建。

4. 创建旋转副 2

（1）单击【主页】选项卡【机构】面组上【接头】按钮 ，打开【运动副】对话框。

（2）单击【选择连杆】选项，在视图区选择连杆 L006。

（3）单击【指定原点】选项，在视图区选择连杆 L006 孔上的圆心点，如图 11-103 所示。

（4）单击【指定矢量】选项，选择系统提示的坐标系 Z 轴，如图 11-104 所示。

图 11-102　啮合连杆

图 11-103　指定原点（二）

图 11-104　指定矢量

（5）在【底数】选项卡中勾选【啮合连杆】复选框，激活选项，如图 11-105 所示。

（6）单击【选择连杆】选项，在视图区选择连杆 L003。

（7）单击【指定原点】选项，在视图区选择连杆 L003 转轴的圆心点，如图 11-106 所示。

图 11-105　【底数】选项卡（二）

图 11-106　指定原点（三）

（8）单击【指定矢量】选项，选择系统提示的坐标系 Z 轴。

（9）单击【运动副】对话框中的【确定】按钮，完成运动副的创建。

11.3.5　动画分析

完成运动副的创建，接下来解算模型的运动是否符合要求，具体步骤如下。

1．创建解算方案

（1）单击【主页】选项卡【解算方案】面组上的【解算方案】按钮 🖱，打开【解算方案】对话框。

（2）在【解算方案选项】选项卡文本框中输入时间为 10，步数为 1000。

（3）勾选【按"确定"进行求解】复选框，如图 11-107 所示。

（4）单击【解算方案】对话框中的【确定】按钮，完成解算方案。

2．动画分析

（1）单击【分析】选项卡【运动】面组上的【动画】按钮 🐾，打开【动画】对话框。

（2）单击【播放】按钮 ▶，开始动画分析，如图 11-108 所示。

（3）单击【动画】对话框中的【关闭】按钮，完成动画分析。

图 11-107　【解算方案】对话框

图 11-108　动画效果（0s、4s、9s）

11.4　练习题

1．对于非参数的模型，没有表达式如何进行修改？

2．对于不合理的模型，在运动仿真优化有哪些步骤？

3．注射模实例的解算过程很慢，如何加快解算的过程？

4．如果要模拟注射模顶出产品后下落到地面，需要如何改变运动机构？

5．尝试把落地扇实际的电机转速输入到运动仿真模型，观察模型的运动状态和解算的时间？

第 2 篇
有限元分析篇

　　本篇主要介绍 UG NX 12 有限元分析的一些基础知识和操作实例，包括有限元分析准备、建立有限元模型、有限元模型的编辑，分析和查看结果、球摆分析综合实例等知识。

第 **12** 章
有限元分析准备

本章主要介绍建立有限元分析模型前的相关准备工作，具体内容包括：分析模块的选择，分析模型的建立，分析环境的设置和模型的预处理。

重点与难点

了解分析模块的建立
掌握分析环境的设置和模型预处理

12.1　分析模块的介绍

在 UG 系统的高级分析模块中，首先将几何模型转换为有限元模型，然后进行前置处理，包括赋予质量属性、施加约束和载荷等，接着提交解算器进行分析求解，最后进入后置处理，采用直接显示资料或采用图形显示等方法来表达求解结果。

该模块是专门针对设计工程师和对几何模型进行专业分析的人员开发的，功能强大，采用图形应用接口，使用方便。具有以下 4 种特点。

- 图形接口，交互操作简便。
- 前置处理功能强大。在 UG 系统中建立模型，在高级分析模块中可以直接转化成有限元模型并可以对模型进行简化，忽略一些不重要的特征；可以添加多种类型载荷，指定多种边界条件，采用网格生成器自动生成网格。
- 支持多种分析求解器，NX.NASTRAN，NX 热流，NX 空间系统热，MSC.NASTRAN，ANSYS 和 ABAQUS 等，以及多种分析解算类型，包括结构分析、稳态分析、模态分析、热和热 - 结构分析等。
- 后置处理功能强大。后置处理器在一个独立窗口中运行，可以让分析人员同时检查有限元模型和后置处理结果，结果可以以图形的方式直观地显示出来，方便分析人员的判断，分析人员也可以采用动画形式反映分析过程中对象的变化过程。

12.2　有限元模型和仿真模型的建立

在 UG 建模模块中建立的模型称为主模型，它可以被系统中的装配、加工、工程图和高级分析等模块引用。有限元模型是在引用零件主模型的基础上建立起来的，用户可以根据需要由同一个主模型建立多个包含不同的属性有限元模型。有限元模型主要包括几何模型的信息（如对主模型进行简化后），在前后置处理后，还包括材料属性信息、网格信息和分析结果等信息。

有限元模型虽然是从主模型引用而来，但在资料存储上是完全独立的，对该模型进行修改不会对主模型产生影响。

在 UG 建模模块中完成需要分析的模型建模，单击【应用模块】选项卡【仿真】面组上的【前 / 后处理】按钮，进入高级仿真模块。单击屏幕左侧的【仿真导航器】按钮，在屏幕左侧弹出【仿真导航器】界面，如图 12-1 所示。在仿真导航器中，右键单击模型名称，在弹出的菜单中选择【新建 FEM 和仿真】，弹出如图 12-2 所示【新建 FEM 和仿真】对话框，系统根据模型名称，默认给出有限元和仿真模型名称（模型名称：model1.prt;FEM 名称：model1_fem1.fem; 仿真名称：model1_sim1.sim），用户根据需要在【求解器】下拉菜单和【分析类型】下拉菜单中选择合适的求解器和分析类型，单击【确定】按钮，弹出【解算方案】对话框，如图 12-3 所示。在展开菜单的选项里，接受系统设置的各选项值（包括最大作业时间、默认温度等）。

设置完毕后，单击【确定】按钮，完成创建解法的设置。这时，单击【仿真导航器】按钮，进入该界面，用户可以清楚地看到各模型间的层级关系，如图 12-4 所示。

图 12-2 【新建 FEM 和仿真】对话框

图 12-1 仿真导航器（一）

图 12-3 【解算方案】对话框

图 12-4 仿真导航器（二）

12.3 求解器和分析类型

在建立仿真模型过程中，用户必须了解系统提供的各项求解器和分析类型。各种类型的求解器在各自领域都有很强的优势，用户只有选择合适的求解器和分析类型才能得到最佳的分析结果。

12.3.1 求解器

UG 有限元模块支持多种类型的解算器，这里简要说明主要的 3 种类型。

- 【NX.Nastran 和 MSC.Nastran】：Nastran 是美国航空航天局推出的为了满足航空航天工业对结构分析的迫切需求主持开发的大型应用有限元程序。使用该求解器，求解对象的自由度几乎不受数量的限制，在求解各方面都有相当高的精度。其中包括 UGS 公司开发的 NX.NASTRAN 和 MSC 公司开发的 MSC.NASTRAN。
- 【ANSYS】：ANSYS 求解器是由世界上最大的有限元分析软件公司之一 ANSYS 公司开发的，ANSYS 广泛应用于机械制造、石油化工、航空、航天等领域，是集结构、热、流体、电磁和声学于一体的通用型求解器。
- 【Abaqus】：Abaqus 求解器在非线性求解方面有很高的求解精度，其求解对象也很广泛。

当用户选择了求解器后，分析工作被提交到所选的求解器进行求解，然后在 NX 中进行后置处理。

12.3.2 分析类型

UG 的分析模块主要包括以下分析类型。

- 【结构】（线性静态分析）：在进行结构线性静态分析时，可以计算结构的应力、应变、位移等参数；施加的载荷包括力、力矩、温度等，其中温度主要用于计算热应力；可以进行线性静态轴对称分析（在环境选中轴对称选项）。结构线性静态分析是使用最为广泛的分析之一，UG 根据模型的不同和用户的需求提供极为丰富的单元类型。
- 【热】（稳态热传递分析）：稳态热传递分析主要用于分析稳定热载荷对系统的影响，可以计算温度、温度梯度和热流量等参数，还可以进行轴对称分析。
- 【轴对称结构】：表示如果分析模型是一个旋转体，且施加的载荷和边界约束条件仅作用在旋转半径或轴线方向，则在分析时，可采用一半或四分之一的模型进行有限元分析，这样可以大大减少单元数量，提高求解速度，而且对计算精度没有影响。

12.4 模型准备

在 UG 高级仿真模块中进行有限元分析，可以直接引用建立的有限元模型，也可以通过模型准备操作简化模型，经过模型准备处理过的仿真模型有助于网格划分，提高分析精度，缩短求解时间。

12.4.1 理想化几何体

在建立仿真模型过程中，为模型划分网格是这一过程中重要的一步。模型中有些特征诸如小孔、圆角对分析结果的影响并不重要，如果对包含这些不重要特征的整个模型进行自动划分网格，会产生数量巨大的单元，虽然得到的精度可能会高些，但在实际的工作中意义不大，而且会对计算机产生很高的要求并影响求解速度。通过简化几何体，可将一些不重要的细小特征从模型中去掉，而保留原模型的关键特征和用户认为需要分析的特征，缩短划分网格时间和求解时间。

扫码看视频

理想化几何体操作步骤如下。

（1）打开文件 Simulation /chapter12/12.4/12.4.1.prt。

（2）单击【应用模块】选项卡【仿真】面组上的【前／后处理】按钮，并如 12.2 小节所示完成仿真模型的创建。

（3）单击屏幕左侧【仿真导航器】，进入仿真导航器界面，打开【仿真文件视图】面板，并选中名称为【12.4.1_fem1_i】的节点，单击右键，并选择【设为显示部件】。打开【理想化部件警告】对话框，单击【确定】按钮，单击【主页】选项卡【开始】面组上的【提升】按钮，打开【提升】对话框，选择整个模型，单击【确定】按钮，完成体的提升。

图 12-5 【理想化模型】对话框

（4）单击【主页】选项卡【几何体准备】面组上的【理想化几何体】按钮，或选择【菜单】→【插入】→【模型准备】→【理想化】命令，打开如图 12-5 所示【理想化几何体】对话框。优化方法有两种：一种是根据所选实体进行优化；另一种是选择一定区域对区域中符合优化要求的特征进行优化。

（5）单击【理想化几何体】对话框中的【体】图标，激活【选择步骤】中的【要求体】选项。

（6）单击【选择步骤】中的【要求体】图标，选择屏幕中模型，如图 12-6 所示。

（7）在【理想化几何体】对话框中的【自动删除特征】选项组里面选中【孔】和【圆角】复选框，分别填写直径 2 和半径 1。

（8）单击【确定】按钮，生成如图 12-7 所示简化模型。

图 12-6　原模型

图 12-7　简化后模型

对比两图可知，直径小于 2 的孔以及半径小于 1 的圆角特征都从原模型中去掉了。

12.4.2　移除几何特征

扫码看视频

用户可以通过移除几何特征直接对模型进行操作，在有限元分析中对模型不重要的特征进行移除。移除几何特征操作步骤如下。

（1）打开文件 Simulation /chapter12 /12.4 /12.4.2.prt。

（2）单击【应用模块】选项卡【仿真】面组上的【前／后处理】按钮，如 12.2 小节所示完成仿真模型的创建。

（3）单击屏幕左侧【仿真导航器】，进入仿真导航器界面，打开【仿真文件视图】面板，选中名称为【12.4.2_fem1_i】的节点，单击右键，并选择【设为显示部件】。打开【理想化部件警告】对话框，单击【确定】按钮，单击【主页】选项卡【开始】面组上的【提升】按钮，打开【提升】对话框，选择整个模型，单击【确定】按钮，完成体的提升。

（4）单击【主页】选项卡【几何体准备】面组上【更多】库下【移除几何特征】按钮或选择【菜单】→【插入】→【模型准备】→【移除特征】命令，打开如图 12-8 所示【移除几何 ...】对话框。

（5）可以直接在模型中选择单个面，同时也可以选择与之相关的面和区域，如添加与选择面相切的边界、相切的面以及区域。

（6）选择如图 12-9 所示模型中的单个曲面。

（7）单击【确定】按钮，完成移除特征操作后生成如图 12-10 所示模型。

图 12-8　【移除几何...】对话框　　　图 12-9　原模型　　　图 12-10　移除操作后模型

12.4.3　拆分体

在分析过程中，有时需要对模型的某一部分进行分析，拆分体操作对有限元模型进行分割，可以为用户提供所需的各种形状的分割体，并且系统能够在分割位置自动创建网格配对条件。系统提供多种分割工具，包括基准平面、片体、平面和曲线等。拆分体操作步骤如下。

扫码看视频

（1）打开文件 Simulation /chapter12/12.4/12.4.3prt。

（2）单击【应用模块】选项卡【仿真】面组上的【前 / 后处理】按钮，如 12.2 小节所示完成仿真模型的创建。

（3）单击屏幕左侧【仿真导航器】，进入仿真导航器界面打开【仿真文件视图】面板，选中名称为【12.4.3_fem1_i】的节点，单击右键，并选择【设为显示部件】。打开【理想化部件警告】对话框，单击【确定】按钮，单击【主页】选项卡【开始】面组上的【提升】按钮，打开【提升】对话框，选择整个模型，单击【确定】按钮，完成体的提升。

（4）单击【主页】选项卡【几何体准备】面组上【拆分体】按钮 或选择【菜单】→【插入】→【模型准备】→【修剪】→【拆分体】命令，打开如图 12-11 所示【拆分体】对话框。

（5）单击【拆分体】对话框中【目标】中的【选择体】图标，选择屏幕中的模型。

（6）在【工具】栏的【工具选项】下拉列表框中选择【新建平面】选项，【指定平面】被激活。

（7）单击【平面对话框】图标，打开如图 12-12 所示【平面】对话框。

图 12-11　【拆分体】对话框

创建基准平面的方法有自动判断、点和方向、曲线和点、曲线上和固定基准等。在【平面】对话框中选择【类型】下拉列表框中的【YC-ZC 平面】选项，并选择合适的偏置距离和平面法向。

（8）基准平面创建完成后，单击【确定】按钮，返回【拆分体】对话框。

（9）选择刚创建的平面，单击【确定】按钮，完成对模型的分割操作，生成如图 12-13 所示模型。在图 12-13 中模型被【YC-ZC】平面分成两部分。

图 12-12 【平面】对话框

图 12-13 生成模型

12.4.4 中面

扫码看视频

抽取中面操作常用于对薄壁等模型进行简化，取代对薄壁模型进行三维网格分析而用中面进行二维网格分析。

单击【主页】选项卡【几何体准备】面组上的【按面对的中面】按钮 或选择【菜单】→【插入】→【模型准备】→【中面】→【面对】命令，打开如图 12-14 所示【按面对创建中面】对话框。

UG 系统提供两种产生中面的方法。

● 面对：通过指定实体的内表面和外表面，产生中面。

【按面对创建中面】对话框，如图 12-14 所示。

具体操作步骤如下。

（1）打开文件 Simulation /chapter12/12.4/12.4.4.prt。

（2）单击【应用模块】选项卡【仿真】面组上的【前 / 后处理】按钮 ，如 12.2 小节所示完成仿真模型的创建。

（3）单击屏幕左侧【仿真导航器】，进入仿真导航器界面，打开【仿真文件视图】面板，选中名称为【12.4.4_fem1_i】的节点，单击右键，并选择【设为显示部件】选项。打开【理想化部件警告】对话框，单击【确定】按钮，单击【主页】选项卡【开始】面组上的【提升】按钮 ，打开【提升】对话框，选择整个模型，单击【确定】按钮，完成体的提升。

（4）单击【主页】选项卡【几何体准备】面组上的【按面对创建中面】按钮 或选择【菜单】→【插入】→【模型准备】→【中面】→【面对】命令，打开如图 12-14 所示【按面对创建中面】对话框。

（5）首先选择实体，然后在对话框【策略】下拉列表框中选择【手动】选项，单击【选择第 1 侧的单个面】图标 ，在屏幕中选择实体上表面。

图 12-14 【按面对创建中面】对话框

（6）单击【选择第 2 侧的单个面】图标 ，在屏幕中选择实体的下表面。

（7）单击【确定】按钮，生成如图 12-15 所示的中面。

● 自定义方法：用户根据需要为实体指定一个中面，单击【主页】选项卡【几何体准备】面组上

【更多】库下【用户定义】按钮 🖢 或选择【菜单】→【插入】→【模型准备】→【中面】→【用户定义】命令，打开如图 12-16 所示【用户定义中面】对话框。该方法操作步骤与上面讲述的方法类似，不再赘述。

图 12-15　生成中面

图 12-16　【用户定义中面】对话框

12.4.5　缝合

为完成整个实体的网格一致划分，常采用缝合操作，它将各片体或实体表面缝合在一起。单击【主页】选项卡【几何体准备】面组上【缝合】按钮 📖 或选择【菜单】→【插入】→【模型准备】→【缝合】命令，打开如图 12-17 所示【缝合】对话框。

缝合类型有两种。

● 【片体】：将两个或多个片体缝合成一个片体。

● 【实体】：将两个或多个实体缝合成一个实体。

在缝合操作中，缝合片体或实体间的间隙都不得大于用户给定的缝合公差，否则操作不能成功。具体操作步骤可以按照系统提示的步骤一步一步来完成。

图 12-17　【缝合】对话框

12.4.6　分割面

在有限元分析中，常对一个实体的某部分进行重点分析，该部分的网格划分就应当细致一些，或在一个实体表面的不同部分施加不同的表面载荷，这时也需根据用户要求将一个表面划分成几个表面，分割面可以满足划分表面的要求。

分割面操作步骤如下。

（1）打开文件 Simulation /chapter12/12.4/12.4.6.prt。

（2）单击【应用模块】选项卡【仿真】面组上的【前 / 后处理】按钮 ，如 12.2 小节所示完成仿真模型的创建。

（3）单击屏幕左侧【仿真导航器】，进入仿真导航器界面，打开【仿真文件视图】面板，选中名称为【12.4.6_fem1_i】的节点，单击右键，并选择【设为显示部件】。打开【理想化部件警告】

扫码看视频

对话框，单击【确定】按钮，单击【主页】选项卡【开始】面组上的【提升】按钮 ，打开【提升】对话框，选择整个模型，单击【确定】按钮，完成体的提升。

（4）在屏幕中选择要分割的表面。

（5）在【工具选项】下拉列表中选择【两点定直线】选项，指定直线的起点和终点。

（6）可以直接在实体上选择分割几何体。

（7）单击【确定】按钮，完成分割面操作，生成如图 12-18 所示分割面。

图 12-18　生成分割面

12.5　练习题

1．UG NX 12 可以使用哪几种求解器？

2．UG NX 12 有限元分析有哪几种类型？

3．理想化几何体和移除几何特征各有什么目的？

4．什么情况下需要分割模型？

第 13 章
建立有限元模型

本章主要介绍如何为模型指定材料属性，添加载荷，约束和划分网格等操作。用户通过对本章的学习基本掌握有限元分析的前置处理部分。

重点与难点

熟悉材料属性和载荷，边界条件的生成。
掌握实体模型的网格划分。

13.1 材料属性

在有限元分析中，实体模型必须赋予一定的材料，指定材料属性即是将材料的各项性能包括物理性能或化学性能赋予模型，然后系统才能对模型进行有限元分析求解。

材料的物理性能分为 4 种。

- 各向同性材料：在材料的各个方向具有相同的物理特性，大多数金属材料都是各向同性的，在 UG 中列出了各向同性材料常用物理参数表格，如图 13-1 所示。

图 13-1 各向同性材料常用物理参数表格

- 正交各向异性材料：该材料是用于壳单元的特殊各向异性材料，在模型中包含 3 个正交的材料对称平面，在 UG 中列出正交各向异性材料常用物理参数表格，如图 13-2 所示。
- 正交各向异性材料：主要常用的物理参数和各向同性材料相同，但是由于正交各向异性材料在各正交方向的物理参数值不同，为方便计算，列出了材料在 3 个正交方向（X，Y，Z）的物理参数值，同时也可根据温度不同给出各参数的温度表值，建立方式同上。
- 各向异性材料：在材料各个方向的物理特性都不同，在 UG 中列出各向异性材料物理参数表格，如图 13-3 所示。各向异性材料由于在材料的各个方向具有不同的物理特性，不可能把每个方向的物理参数都详细列出来，用户可以根据分析需要列出材料重要的 6 个方向的物理参数值，同时也可根据温度不同给出各物理参数的温度表值。

图 13-2　正交各向异性材料常用物理参数表格

图 13-3　各向异性材料物理参数表格

● 流体：在做热或流体分析中，会用到材料的流体特性，系统给出了液态水和气态空气的常用物理特性参数，如图 13-4 所示。

图 13-4 流体材料物理参数表格

在 UG 中，带有常用材料物理参数的数据库，用户根据自己需要可以直接从材料库中调出相应的材料，对于材料库中材料缺少某些物理参数时，用户也可以直接给出作为补充。

在系统数据库中有多种材料类别，这里介绍两种。

● 金属：系统给出的金属材料都是各向同性的材料，共有 32 种，如图 13-5 所示。

图 13-5 金属材料

⦿　塑料：系统给出的塑料材料都是各向同性的材料，共有 13 种，如图 13-6 所示。

材料属性定义操作步骤如下。

（1）单击【主页】选项卡【属性】面组上【更多】库下【指派材料】按钮，打开如图 13-7 所示【指派材料】对话框。

（2）在屏幕中选择需要赋予材料特性的模型，若材料栏中有该材料，则单击图 13-7 中的材料。

（3）在【材料】和【类型】选项中分别选择用户所需材料选项。

（4）若用户对材料进行删除、更名、取消材料赋予的对象或更新材料库等操作，可以单击位于图 13-7 对话框中下部命令图标。

图 13-6　塑料材料　　　　　　　　　图 13-7　【指派材料】对话框

注意　　在有限元模型中才能添加材料属性，有限元模型系统默认名称为 model1_fem1.fem。

13.2　添加载荷

在 UG 高级分析模块中，载荷包括力、力矩、重力、压力、边界剪切、轴承载荷、离心力等，用户可以将载荷直接添加到几何模型上，载荷与作用的实体模型关联，当修改模型参数时，载荷可自动更新，而不必重新添加，在生成有限元模型时，系统通过映射关系作用到有限元模型的节点上。

13.2.1　载荷类型

载荷类型一般根据分析类型的不同包含不同的形式，在结构分析中常包括以下形式。

- ●【温度】：可以施加在面、边界、点、曲线和体上，符号采用单箭头表示。
- ●【加速度】：作用在整个模型上，符号采用单箭头表示。
- ●【力】：可以施加到点、曲线、边和面上，符号采用单箭头表示。
- ●【扭矩】：对圆柱的法向轴加载扭矩载荷。
- ●【重力】：作用在整个模型上，不需用户指定，符号采用单箭头在坐标原点处表示。
- ●【压力】：可以作用在面、边界和曲线上，和正压力相区别，压力可以在作用对象上指定作用方向，而不一定是垂直于作用对象的，符号采用单箭头表示。
- ●【力矩】：可以施加在边界、曲线和点上，符号采用双箭头表示。
- ●【节点压力】：节点压力载荷是垂直施加在作用对象上的，施加对象包括边界和面两种，符号采用单箭头表示。
- ●【轴承】：是指作用在一段圆弧面或圆弧边界上的载荷，且在作用对象上分布不均匀，是一种变化的载荷，变化规律可以按正弦规律变化，也可以按抛物线规律变化。在为对象添加该载荷时，需指定最大载荷的作用点和作用范围的角度。符号采用单箭头表示。
- ●【离心压力】：作用在绕回转中心转动的模型上，系统默认坐标系的 Z 轴为回转中心，在添加离心力载荷时，用户需指定回转中心与坐标系的 Z 轴重合。符号采用双箭头表示。
- ●【螺栓预紧力】：在螺栓或紧固件中定义拧紧力或长度调整。
- ●【旋转】：作用在整个模型上，通过指定角加速度和角速度，提供旋转载荷。
- ●【轴向 1D 单元变形】：定义静力学问题中使用的 1D 单元的强制轴向变形。
- ●【强制运动载荷】：在任何单独的六个自由度上施加集位移值载荷。
- ●【Darea 节点力和力矩】：作用在整个模型上，为模型提供节点力和力矩。
- ●【流体静压力】：应用流体静压力载荷以仿真每个深度静态液体处的压力。

13.2.2　载荷添加矢量

在多数载荷添加过程中，都会同时定义载荷添加方向，UG 系统提供 5 种载荷方向定义方式。

- ● XYZ 分量：用户按 XYZ 直角坐标系定义各方向载荷分量大小。
- ● RTZ 分量：用户按 RTZ 圆柱坐标系定义各分量载荷大小。
- ● RTP 分量：用户按 RTP 球坐标系定义各分量载荷大小。
- ● 垂直于：用户添加的载荷垂直于作用对象上。
- ● 沿边界：用户添加的载荷分别沿边界 3 个分量 Ft、Fn、Fs，分别表示沿边界的切线方向，边界所在面的法线方向和与前述两方向垂直并指向模型内部的方向。

13.2.3　载荷添加方案

扫码看视频

在用户建立一个加载方案过程中，所有添加的载荷都包含在这个加载方案中。当用户需在不同加载状况下对模型进行求解分析时，系统允许提供建立多个加载方案，并为每个加载方案提供一个名称，用户也可以自定义加载方案名称。还可以对加载方案进行复制，删除操作。添加载荷操作步骤如下。

（1）打开文件 Simulation /chapter13/13.2.1.prt

（2）单击【应用模块】选项卡【仿真】面组上的【前 / 后处理】按钮，如 12.2 小节所示完成仿真模型的创建。

（3）在仿真模型界面中，单击【载荷类型】按钮，弹出的【载荷类型】下拉菜单如图 13-8 所示，单击【轴承】按钮，弹出如图 13-9 所示【轴承】对话框。

（4）根据【轴承】对话框中的选择步骤，选择模型的外圆柱面为载荷施加面。

（5）单击方向选项中的【矢量对话框】按钮，弹出【矢量】对话框，在【类型】下拉菜单中，选择【XC】方向为载荷矢量方向，单击【确定】按钮，返回【轴承】对话框。

（6）接受系统默认载荷名称，并分别在创建轴承载荷对话框中设置力的大小（50N），力的分布角度（120°）范围及分布方法（抛物线），其中有两种分布方法可供选择，分别为抛物线和正弦曲线。

（7）单击【确定】按钮，完成轴承载荷的加载，生成样式如图 13-10 所示。

图 13-8　【载荷类型】下拉菜单

图 13-9　【轴承】对话框

图 13-10　显示轴承载荷

> **注意**　只有在仿真模型中，才能添加载荷，仿真模型系统默认名称为 model1_sim1.sim。

13.3　边界条件的加载

一个独立的分析模型，在不受约束的状况下，存在 3 个移动自由度和 3 个转动自由度，边界条件即是为了限制模型的某些自由度，约束模型的运动。边界条件是 Unigraphics 系统的参数化对象，与作用的几何对象关联。当模型进行参数化修改时，边界条件自动更新，而不必重新添加。边界条件施加在模型上，由系统映射到有限元单元的节点上，不能直接指定到单独的有限元单元上。

13.3.1 边界条件类型

不同的分析类型有不同的边界类型，系统根据用户的选择提供相应的类型，常用边界类型有移动 / 旋转、移动、旋转、固定温度边界、自由传导 5 种。后两者主要用于温度场的分析。

13.3.2 约束类型

用户为约束对象选择边界条件类型后，UG 系统为用户提供了标准的约束类型。共有以下几类。

- 用户自定义：根据用户自身要求设置所选对象的移动和转动自由度，各自由度可以设置成为固定、自由或限定幅值的运动。
- 强制位移约束：用户可以为 6 个自由度分别设置一个运动幅值。
- 固定约束：用户选择对象的 6 个自由度都被约束。
- 固定平移约束：3 个移动自由度被约束，而转动副都是自由的。
- 固定旋转约束：3 个转动自由度被约束，而移动副都是自由的。
- 简支约束：在选择面的法向自由度被约束，其他自由度处于自由状态。
- 销住约束：在一个圆柱坐标系中，旋转自由度是自由的，其他自由度被约束。
- 圆柱形约束：在一个圆柱坐标系中，用户根据需要设置径向长度、旋转角度和轴向高度 3 个值，各值可以分别设置为固定、自由和限定幅值的运动。
- 滑块约束：在选择平面的一个方向上的自由度是自由的，其他各自由度被约束。
- 滚子约束：对于滚子轴的移动和旋转方向是自由的，其他自由度被约束。
- 对称约束和反对称约束：在关于轴或平面对称的实体中，用户可以提取实体模型的一半，或四分之一部分进行分析，在实体模型的分割处施加对称约束或反对称约束。

加载边界条件操作过程如下。

（1）单击【主页】选项卡【载荷和条件】面组上的【约束类型】下拉按钮，打开如图 13-11 所示【约束类型】下拉菜单。

（2）在【约束类型】下拉菜单中单击【固定约束】选项，弹出如图 13-12 所示【固定约束】对话框。

（3）接受系统默认约束名称，在屏幕中选择需要对模型进行边界条件操作的对象，单击【确定】按钮，完成边界条件操作。

注意　只有在仿真模型中，才能添加约束，仿真模型系统默认名称为 model1_sim1.sim。

图 13-11 【约束类型】下拉菜单　　　　图 13-12 【固定约束】对话框

13.4　划分网格

　　划分网格是有限元分析的关键一步，网格划分的优劣直接影响最后的结果，甚至会影响求解是否能完成。UG 高级分析模块为用户提供一种直接在模型上划分网格的工具——网格生成器。使用网格生成器为模型（包括点、曲线、面和实体）建立网格单元，可以快速建立网格模型，大大减少划分网格的时间。

注意　　　　只有在有限元模型中，才能为模型划分网格，有限元模型系统默认名称为 model1_fem1.fem。

13.4.1　网格类型

　　在 UG 高级分析模块中包括零维网格、一维网格、二维网格、三维网格和接触网格 5 种类型，每种类型都适用于一定的对象。

　　● 零维网格：用于指定产生集中质量单元，这种类型适合在节点处产生质量单元。

　　● 一维网格：一维网格单元由两个节点组成，用于对曲线、边的网格划分（如杆、梁）。

　　● 二维网格：二维网格包括三角形单元（由 3 节点或 6 节点组成）、四边形单元（由 4 节点或 8 节点组成），适用于对片体、壳体实体进行划分网格，如图 13-13 所示。注意在使用二维网格划分网格时，尽量采用正方形单元，这样分析结果就比较精确。如果无法使用正方形网格，则要保证四边形的长宽比小于 10。如果是不规则四边形，则应保证四边形的各角度在 45°和 135°之间。在关键区域应避免使用有尖角的单元，且避免产生扭曲单元，因为对于严重的扭曲单元，UG 的各解算器可能无法完成求解。在使用三角形单元划分网格时，应尽量使用等边三角形单元。还应尽量避免混合使用三角形和四边形单元对模型划分网格。

3 节点   6 节点   4 节点   8 节点

三角形单元   四边形单元

图 13-13   二维网格

- 三维网格：三维网格包括四面体单元（由 4 节点或 10 节点组成）、六面体单元（由 8 节点或 20 节点组成），如图 13-14 所示。10 节点四面体单元是应力单元，4 节点四面体单元是应变单元，后者刚性较高，在对模型进行三维网格划分时，使用四面体单元应优先采用 10 节点四面体单元。

4 节点   10 节点   8 节点   20 节点

四面体单元   六面体单元

图 13-14   三维网格

- 接触网格：连接单元在两条接触边或接触面上产生点到点的接触单元，适用于有装配关系的模型的有限元分析。UN 系统提供焊接、边接触、曲面接触和边面接触 4 类接触单元。

13.4.2   零维网格

零维网格用于产生集中质量点，适用于为点、线、面、实体或网格的节点处产生质量单元，在有限元模型界面中，单击【主页】选项卡【网格】面组上【更多】库下的【0D 网格】按钮 或选择【菜单】→【插入】→【网格】→【0D 网格】命令，打开如图 13-15 所示【0D 网格】对话框。

用户可以在【单元属性】栏下选择单元的属性，也可以通过设置单元大小或数量，将质量集中到用户指定的位置。

图 13-15 【0D 网格】对话框

13.4.3   一维网格

一维网格定义两个节点的单元，是沿直线或曲线定义的网格。单击【主页】选项卡【网格】

面组上的【1D 网格】按钮 或选择【菜单】→【插入】→
【网格】→【1D 网格】命令，打开【1D 网格】对话框，如图 13-16
所示。各选项含义如下。

- 类型：一维网格包括梁、杆、棒、带阻尼弹簧，两自
  由度弹簧和刚性件等多种类型。
- 网格密度选项：有两个选项，一个是数目，表示在所
  选定的对象上产生的单元个数；另一个是大小，表示
  在所选定的对象按指定的大小产生单元。

在建立梁和棒的一维网格单元时，还需定义一维单元方
向。一维网格操作步骤如下。

（1）单击【主页】选项卡【网格】面组上的【1D 网格】
按钮 或选择【菜单】→【插入】→【网格】→【1D 网格】
命令，打开【1D 网格】对话框，如图 13-16 所示。

（2）选择符合分析要求的【类型】、【网格参数】和【合并
节点公差】等各选项。

（3）在屏幕中选择要创建网格的曲线，单击【确定】按钮，
完成创建一维网格操作。

图 13-16　【1D 网格】对话框

13.4.4　二维网格

对于片体或壳体，常采用二维网格划分单元，单击【主页】选项卡【网格】
面组上的【2D 网格】按钮 或选择【菜单】→【插入】→【网格】→【2D 网格】
命令，打开如图 13-17 所示【2D 网格】对话框。各选项含义如下。

扫码看视频

- 【类型】下拉列表框：二维网格可以对面、片体以及对二维网格进行再
  编辑的操作，生成网格的类型包括 3 节点三角形单元、
  6 节点三角形单元、4 节点四边形单元和 8 节点四边
  形单元。
- 【网格参数】文本框：控制二维网格生成单元的方法和
  大小，用户根据需要设置大小。单元设置得越小，分
  析精度可以在一定范围内提高，但解算时间也会增加。
- 【网格质量选项】下拉列表框：当在【类型】选项中
  选择 6 节点三角形单元或 8 节点四边形单元时，【中
  节点方法】选项被激活。该选项用来定义三角形单元
  或四边形单元中间节点位置类型，定义中节点的类
  型可以是线性、弯曲或混合 3 种。线性中节点如图
  13-18 所示，弯曲中节点如图 13-19 所示。两图中片
  体均采用 4 节点四边形单元划分网格，图 13-18 中节
  点为线性，网格单元边为直线，网格单元中节点可能
  不在曲面片体上。图 13-19 中节点为弯曲，网格单元
  边成为分段直线，网格单元中节点在曲面片体上，对
  于单元尺寸大小相同的单元，采用中节点为弯曲的可

图 13-17　【2D 网格】对话框

323

以更好地为片体划分网格，解算的精度也较高。

- 【网格设置】下拉列表框：控制滑块，对过渡网格大小进行设置。
- 【模型清理选项】下拉列表框：可设置【匹配边】，通过输入匹配边的距离公差，来判定两条边是否匹配。当两条边的中点间距离小于用户设置的距离公差时，系统判定两条边匹配。

图 13-18　线性中节点　　　　　图 13-19　弯曲中节点

二维网格操作步骤如下。

（1）打开文件：Simulation /chapter13/13.4.2.prt。

（2）单击【应用模块】选项卡【仿真】面组上的【前 / 后处理】按钮，如 12.2 小节所示完成仿真模型的创建。

（3）单击屏幕左侧【仿真导航器】，进入仿真导航器界面，在【仿真文件视图】面板选中名称为【13.4.2_fem1】的节点，单击右键，并选择【设为显示部件】，进入有限元模型界面。

（4）单击【主页】选项卡【网格】面组上的【2D 网格】按钮或选择【菜单】→【插入】→【网格】→【2D 网格】命令，打开如图 13-17 所示【2D 网格】对话框。

（5）设置好各选项，并在屏幕上选择要划分网格的曲面。

（6）单击【确定】按钮，完成二维网格划分的操作。

13.4.5　三维四面体网格

扫码看视频

3D 四面体网格常用来划分三维实体模型。不同的解算器能划分不同类型的单元，在 NX.NASTRAN、MSC.NASTRAN 和 ANSYS 解算器中都包含 4 节点四面体和 10 节点四面体单元，在 ABAQUS 解算器中，三维四面体网格包含 tet4 和 tet10 两单元。

单击【主页】选项卡【网格】面组上的【3D 四面体】按钮或选择【菜单】→【插入】→【网格】→【3D 四面体网格】命令，打开如图 13-20 所示【3D 四面体网格】对话框。各选项含义如下。

- 【单元大小】文本框：用户可以自定义全局单元尺寸大小，当系统判定用户定义单元大小不理想时，系统会根据模型判定单元大小自动划分网格。
- 【中节点方法】下拉列表框：包含混合、弯曲和线性 3 种选择，含义同 13.4.4 节所述。

3D 四面体网格操作步骤如下。

（1）打开文件 Simulation /chapter13/13.4.3.prt。

（2）单击【应用模块】选项卡【仿真】面组上的【前 / 后处理】按钮，如 12.2 小节所示完成仿真模型的创建。

（3）单击屏幕左侧【仿真导航器】，进入仿真导航器界面，在【仿真文件视图】面板选中名称为【13.4.3_fem1】的节点，单击右键，并选择【设为显示部件】，进入有限元模型界面。

（4）单击【主页】选项卡【网格】面组上的【3D 四面体】按钮△或选择【菜单】→【插入】→【网格】→【3D 四面体网格】命令，打开如图 13-20 所示【3D 四面体网格】对话框。

（5）设置【3D 四面体网格】对话框中各选项，在屏幕中选择划分网格对象。

（6）单击【确定】按钮，生成如图 13-21 和图 13-22 所示网格单元。

图 13-21 采用 4 节点四面体单元划分网格，图 13-22 采用 10 节点四面体单元划分网格，从两图上可以清晰地比较出 4 节点各面是完全的平面不能完全拟合模型曲面，而 10 节点各面是分段平面且尽可能地对模型进行拟合。

图 13-20　【3D 四面体网格】对话框　　图 13-21　4 节点划分网格　　图 13-22　10 节点划分网格

13.4.6　三维扫描网格

在 UG 高级分析模块中，若实体模型的某个截面在一个方向保持不变或按固定规律变化，则可采用三维扫描网格为实体模型划分网格。系统在进行网格扫描时，先在选择的实体面上划分二维平面单元，再按拓扑关系向各截面映射单元，最后在实体上生成六面体单元。

扫码看视频

单击【主页】选项卡【网格】面组上的【3D 扫掠网格】按钮或选择【菜单】→【插入】→【网格】→【3D 扫掠网格】命令，打开如图 13-23 所示【3D 扫描网格】对话框。

3D 扫掠网格有两种网格类型：8 节点六面体单元和 20 节点六面体单元。一般来说，网格单元越密，节点越多，相应的解算精度就高。用户可以通过源元素大小自定义指定面上的扫掠单元大小，该尺寸也粗略地决定扫掠实体模型产生的单元层数。

3D 扫掠网格操作步骤如下。

（1）打开文件 Simulation /chapter13/13.4.4.prt。

（2）单击【应用模块】选项卡【仿真】面组上的【前 / 后处理】按钮，如 12.2 小节所示完成仿真模型的创建。

（3）单击屏幕左侧【仿真导航器】，进入仿真导航器界面，在【仿真文件视图】面板选中名称为【13.4.4_fem1】的节点，单击右键，并选择【设为显示部件】，进入有限元模型界面。

（4）按前述 13.4.4 小节所示方法，为实体模型指定面生成如图 13-24 所示二维网格。

（5）单击【主页】选项卡【网格】面组上的【3D 扫掠网格】按钮或选择【菜单】→【插入】→【网格】→【3D 扫掠网格】命令，打开如图 13-23 所示【3D 扫掠网格】对话框。

（6）设置【3D 扫掠网格】对话框中各选项，在屏幕上单击扫掠对象的定义面（已产生二维网格的平面）。

（7）单击【确定】按钮，生成如图 13-25 所示网格模型。

二维网格生成面

图 13-23　【3D 扫掠网格】对话框　　　图 13-24　二维网格　　　图 13-25　网格模型

13.4.7　接触网格

接触网格是在两条边上或两条边的一部分上产生点到点的接触，选择【菜单】→【插入】→【网格】→【接触网格】命令，打开如图 13-26 所示【接触网格】对话框。各选项含义如下。

- 【类型】下拉列表框：在不同解算器里有不同的类型单元。在 NX. NASTRANH 和 MSC. NASTRAN 解算器中，只有【接触】一种类型。在 ANSYS 解算器中包含【接触弹簧】和【接触】两种类型，在 ABAQUS 解算器中包含一种【GAPUNI】单元。
- 【单元数】文本框：用户自定义在接触两边中间产生接触单元的个数。
- 【对齐目标边节点】复选框：确定目标边上的节点位置，当选中该选项时，目标边上的节点位置与接触边上的节点对齐，对齐方式有两种，分别是按【最小距离】和【垂直于接触边】方式对齐。

扫码看视频

● 【间隙公差】复选框：通过间隙公差来判断是否生成接触网格，当两条接触边的距离大于间隙公差时，系统不会产生接触单元，只有小于或等于接触公差，才能产生接触单元。

接触单元操作步骤如下。

（1）打开文件 Simulation /chapter13/13.4.5.prt。

（2）单击【应用模块】选项卡【仿真】面组上的【前 / 后处理】按钮 ，如 12.2 小节所示完成仿真模型的创建。

（3）单击屏幕左侧【仿真导航器】，进入仿真导航器界面，在【仿真文件视图】面板选中名称为【13.4.5_fem1】的节点，单击右键，并选择【设为显示部件】，进入有限元模型界面。

（4）选择【菜单】→【插入】→【网格】→【接触网格】命令，打开如图 13-26 所示【接触网格】对话框。

（5）在【接触边】选项卡中，单击【选择边】，选择屏幕中的曲线一。

（6）在【接触边终点】选项中，单击【起点】，在屏幕中指定接触边上的起点；单击【终点】，在屏幕中指定接触边上的终点。

（7）在【目标边】选项卡中，单击【选择边】，选择屏幕中的曲线二。

（8）在【目标边终点】选项卡中，单击【起点】，在屏幕中指定目标边上的起点；单击【终点】在屏幕中指定目标边上的终点。

（9）不选中【对齐目标边节点】复选框，分别指定接触边和目标边的起点和终点。

（10）设置【间隙公差】。

（11）单击【确定】按钮，生成如图 13-27 所示接触单元。

图 13-26 【接触网格】对话框

图 13-27 生成接触单元

13.4.8 曲面接触网格

面接触网格常用于装配模型间各零件装配面的网格划分。单击【菜单】→【插入】→【网格】→【面接触网格】命令，打开【面接触网格】对话框。各选项含义如下。

- 【选择步骤】按钮组：在生成曲面接触网格时，用户可以通过【选择步骤】选择操作对象。
- 【自动创建接触对】复选框：选中该复选框时，由系统根据用户设置的捕捉距离，自动判断各接触面是否进行曲面接触操作。不选中该复选框时，选择步骤选项被激活，【翻转侧】选项表示转化源面和目标面的关系。

13.5 环境下拉菜单

环境下拉菜单包括解算方案、步骤 - 子工况和从条件序列新建解算方案 3 部分。

13.5.1 解算方案

进入仿真模型界面后（文件名为 *.sim），单击【主页】选项卡【解算方案】面组上的【解算方案】按钮 或选择【菜单】→【插入】→【解算方案】命令，弹出如图 13-28 所示【解算方案】对话框。

图 13-28 【解算方案】对话框

　　根据用户需要和第 13 章介绍，选择解法的名称、求解器、分析类型和解算类型等。一般根据不同的求解器和分析类型，【解算方案】对话框中有不同的选项。【解算类型】下拉列表框中有多种类型，一般采用系统自动选择最优算法。在【SOL 101 线性静态—全局约束】下拉列表框中可以设置最长作业时间、估算温度等参数。

　　用户可以选定解算完成后的结果输出选项。

13.5.2　步骤－子工况

　　用户可以通过该步骤为模型加载多种约束和载荷情况，系统最后解算时按各子工况分别进行求解，最后对结果进行叠加。单击【主页】选项卡【解算方案】面组下【步骤—子工况】按钮 或选择【菜单】→【插入】→【步骤—子工况】命令，弹出如图 13-29 所示【解算步骤】对话框。

　　不同的解算类型包括不同的选项，若在仿真导航器中出现子工况名称，激活该选项，在其中可以新装入约束和载荷。

图 13-29　【解算步骤】对话框

13.6　练习题

　　1．UG NX 12 中怎样给模型添加材料属性？

　　2．UG NX 12 中怎样给模型添加载荷？

　　3．UG NX 12 中边界条件有哪些类型？怎样给模型添加载荷？

　　4．UG NX 12 中网格分成哪几种类型？各在什么情况下使用？

第 14 章
有限元模型的编辑

四个回转单元，每个回转单元的旋转角度为30度
回转轴原点

2个拉伸单元，单个拉伸高度20mm，并按扭转中心点扭转15度

扭转中心点

　　用户建立完成有限元模型后，若对模型的某一部分感到不满意，可以重新对有限元模型不满意的部分进行编辑，若重新建立有限元模型，则要花费大量时间。本章是在前两章的基础上介绍一系列的有限元模型编辑功能，主要包括分析模型的编辑、主模型尺寸的编辑、二维网格的编辑和属性编辑器。

重点与难点

　　掌握分析模型、模型主尺寸的编辑方法。
　　熟悉属性编辑器的操作。

14.1　分析模型的编辑

对分析模型的编辑主要包括抑制特征、取消抑制特征、编辑有限元特征参数和主模型尺寸 4 项操作，这 4 项编辑都是在有限元模型界面中完成的（名称为 *_fem_i.prt）。

14.1.1　抑制特征

抑制特征同模型准备中简化模型相似，也是简化分析模型的主要方式，它从几何模型中移去小孔、圆角和小的倒角等不重要的几何特征，这些特征被抑制后不参加网格划分和分析，但通常不会对分析结果产生太大的影响。

抑制特征操作步骤如下。

（1）单击【主页】选项卡【几何体准备】面组上【更多】库下【抑制特征】按钮🔧或单击【菜单】→【编辑】→【特征】→【抑制】命令，打开如图 14-1 所示【抑制特征】对话框。

（2）在屏幕中选择需要进行抑制特征的模型，在图 14-1 所示【抑制特征】对话框中会显示选中的特征。

（3）单击【确定】按钮，完成抑制特征操作。

图 14-1　【抑制特征】对话框

> **注意**　抑制特征只能对有限元模型中建立的特征进行操作，而不能直接对建模模块中建立的特征进行操作，这是抑制特征和简化模型的区别。

14.1.2　释放特征

释放特征是抑制特征的逆操作，可以解除抑制的特征，恢复原有限元模型。

释放特征操作步骤如下。

（1）单击【主页】选项卡【几何体准备】面组上【更多】库下的【取消抑制特征】按钮🔧或选择【菜单】→【编辑】→【特征】→【取消抑制】命令，打开如图 14-2 所示【取消抑制特征】对话框。

（2）单击屏幕中存在抑制特征的模型，这时在图 14-2 所示对话框中出现相关抑制特征名称，在该对话框中选择需要取消抑制的特征，在【选定的特征】列表框中会显示相关特征。

（3）单击【确定】按钮，完成取消抑制特征操作。

图 14-2　【取消抑制特征】对话框

14.1.3　编辑有限元特征参数

编辑有限元特征参数操作可以对在有限元模型中建立的特征进行编辑操作，如对在模型准备中建立的简化几何体、分割面等特征进行编辑。操作步骤如下。

（1）单击【主页】选项卡【几何体准备】面组上【更多】库下的【编辑特征参数】按钮或选择【菜单】→【编辑】→【特征】→【特征参数】命令，打开如图 14-3 所示【编辑参数】对话框。

（2）在【编辑参数】对话框中选择需要编辑的特征，单击【确定】按钮，弹出生成该特征的对话框（不同的特征，对话框显示内容也不同）。

（3）根据用户需要，在【编辑参数】对话框中重新输入特征参数值。

（4）单击【确定】按钮，完成编辑有限元特征参数的操作。

图 14-3 【编辑参数】对话框

14.1.4 主模型尺寸编辑

主模型尺寸编辑操作可以对有限元模型各尺寸参数进行修改，但不会对主模型造成任何改变，对在有限元模型中建立的特征编辑无效。主模型尺寸编辑操作步骤如下。

（1）单击【菜单】→【编辑】→【主模型尺寸】命令，打开【编辑尺寸】对话框，如图 14-4 所示。

（2）【编辑尺寸】对话框列出有限元模型所有特征，在该对话框中选择需要编辑的特征或从屏幕上直接选择实体模型特征。

（3）选择对象的【特征表达式】显示在对话框下半部图框中，可以选择以【表达式】形式或以【描述】形式显示。

（4）单击【特征表达式】中需要修改的尺寸，在尺寸选项中输入修改尺寸，按回车键。

（5）单击【确定】按钮，完成主模型尺寸编辑操作。

图 14-4 【编辑尺寸】对话框

14.2 单元操作

对于已产生网格单元的模型，如果生成的网格不合适，可以采用单元操作工具栏对不合适的单元和节点进行编辑，以及对二维网格进行拉伸、旋转等操作。单元操作包括拆分壳、合并四边形单元、移动节点、删除单元和生成单元、单元复制、平移等。该功能是在有限元模型界面中操作完成的（文件名称为 *_fem1.fem）。

14.2.1 拆分壳

扫码看视频

拆分壳操作将选择的四边形单元分割成多个单元（包括 2 个三角形、3 个三角形，2 个四边形，3 个四边形、4 个四边形和按线划分多种形式），拆分壳操作步骤如下。

（1）打开文件 Simulation /chapter14/14.2.1.prt。

（2）单击【应用模块】选项卡【仿真】面组上的【前 / 后处理】按钮，如12.2 小节所示完成仿真模型的创建。

（3）单击屏幕右侧【仿真导航器】，进入仿真导航器界面，并选中名称为【14.2.1_fem1】的节点，单击右键，并选择【设为显示部件】。

（4）单击【主页】选项卡【网格】面组上的【2D 网格】按钮，打开如图 14-5 所示的【2D 网格】对话框，在【类型】下拉列表中选择【CQUAD4】类型，在【单元大小】文本框中输入 30，在视图区选择模型为要进行网格划分的对象，单击【确定】按钮，完成网格的划分，如图 14-6 所示。

图 14-5　【2D 网格】对话框　　　　　　图 14-6　2D 网格划分

（5）单击【节点和单元】选项卡【单元】面组上【更多】库下的【拆分壳】按钮或选择【菜单】→【编辑】→【单元】→【拆分壳】命令，打开如图 14-7 所示【拆分壳】对话框。

（6）在【类型】下拉列表框中选择【四边形分为 2 个三角形】，然后选择系统中任意四边形单元，系统自动生成两个三角形单元，单击【翻转分割线】图标，系统变换对角分割线，生成不同形式两个三角形单元。

（7）单击【确定】按钮，生成如图 14-8 所示三角形单元。

图 14-7　【拆分壳】对话　　　　　　图 14-8　生成三角形单元

14.2.2　合并三角形单元

合并三角形单元操作将模型两个临近的三角形单元合并，合并三角形单元操作步骤如下。

（1）单击【节点和单元】选项卡【单元】面组上【更多】库下的【合并三角形】按钮或选择【菜单】→【编辑】→【单元】→【合并三角形】命令，打开如图 14-9 所示【合并三角形】对话框。

（2）选择两相邻三角形单元。

（3）单击【确定】按钮，完成操作。

图 14-9　【合并三角形】对话框

333

14.2.3　移动节点

移动节点操作将单元中一个节点移动到面上或网格的另一节点上，操作步骤如下。

（1）单击【节点和单元】选项卡【节点】面组上【更多】库下的【移动】按钮 ◇ 或选择【菜单】→【编辑】→【移动】→【移动节点】命令，打开如图 14-10 所示【移动节点】对话框。

（2）在屏幕上选择【源节点】和【目标节点】，如图 14-11 所示。

（3）单击【确定】按钮，完成移动节点操作，生成 14-12 所示图形。

图 14-10　【移动节点】对话框

图 14-11　选择节点

图 14-12　生成图形

14.2.4　删除单元

系统对模型划分网格后，用户检查网格单元，对某些单元感到不满意，可以直接进行删除单元操作将不满意的单元删除。单击【节点和单元】选项卡【单元】面组上【删除】按钮 或选择【菜单】→【编辑】→【单元】→【删除】命令，在屏幕上选择需删除操作的单元，单击【确定】按钮完成删除操作。选中【单元删除】对话框中对于网格中的孤立节点，如图 14-13 所示。用户也可以选中【单元删除】对话框中的【删除孤立节点】选项，完成删除操作。

图 14-13　【单元删除】对话框

14.2.5　创建单元

创建单元操作可以在模型已有节点的情况下，生成 0 维、1 维、2 维或 3 维单元。创建单元操作步骤如下。

（1）单击【节点和单元】选项卡【单元】面组上【单元创建】按钮 或选择【菜单】→【插入】→【单元】→【创建】命令，打开如图 14-14 所示【单元创建】对话框。

（2）在【单元创建】对话框中【单元族】下拉列表框中选择要生成的单元族和单元类型，依次选择各节点，系统自动生成规定单元。

（3）单击【关闭】按钮，完成创建单元操作。

图 14-14　【单元创建】对话框

14.2.6　单元拉伸

单元拉伸操作用于对面单元或线单元进行拉伸，创建新的三维单元或二维单元。操作步骤如下。

（1）单击【节点和单元】选项卡【单元】面组上【拉伸】按钮 或选择【菜单】→【插入】→【单元】→【拉伸】命令，打开如图 14-15 所示【单元拉伸】对话框。

（2）在【单元拉伸】对话框中【类型】下拉列表框中选择【单元面】，选择屏幕中任意一二维单元，在【副本数】选项中输入需要创建的拉伸单元数量；在拉伸选项的【方向】下拉列表框中选择拉伸的方向，选择【沿矢量】，单击【矢量对话框】图标，弹出【矢量】对话框，选择沿【ZC轴】方向拉伸，单击【确定】按钮，返回【单元拉伸】对话框。

（3）在拉伸的【距离】选项（每个副本：表示单个副本的拉伸长度；总数：表示所有副本的总拉伸距离）中选择【每个副本】，输入距离值 20。

（4）【扭曲角】表示拉伸的单元按指定的点扭转一定的角度，指定点选择圆弧的中心点，在角度值中输入 15。

（5）单击【确定】按钮，完成单元拉伸操作。生成如图 14-16 所示拉伸单元。

图 14-15　【单元拉伸】对话框

图 14-16　拉伸单元

14.2.7　单元旋转

单元旋转操作对面或线单元绕某一矢量回转一定角度，在原面或线单元和旋转到达新的位置的面或线单元之间形成新的三维或二维单元。操作步骤如下。

（1）单击【节点和单元】选项卡【单元】面组上【旋转】按钮或单击【菜单】→【插入】→【单元】→【旋转】命令，打开如图 14-17 所示【单元旋转】对话框。

（2）在【单元旋转】对话框中选择模式下拉列表框中选择【单元面】选项，选择屏幕中任意一个二维单元，单击【矢量对话框】图标，弹出【矢量】对话框，选择绕【XC 轴】方向旋转，单击【确定】按钮，返回【单元旋转】对话框，选择圆弧中心点为旋转轴位置点。

（3）在旋转【角度】选项（每个副本：表示单个副本的旋转角度；总数：表示所有副本的总旋转角度）中选择【每个副本】，输入角度值 30。

（4）单击【确定】按钮，完成单元旋转操作，生成如图 14-18 所示旋转单元。

图 14-17　【单元旋转】对话框

图 14-18　旋转单元

14.2.8　单元复制和平移

单元复制和平移操作用于完成对 0 维、1 维、2 维和 3 维单元的复制平移。操作步骤如下。

（1）单击【节点和单元】选项卡【单元】面组上【更多】库下【平移】按钮或选择【菜单】→【插入】→【单元】→【复制和平移】命令，打开如图 14-19 所示【单元复制和平移】对话框。

（2）在【单元复制和平移】对话框中【单元类型】下拉列表框中选择【单元面】，选择屏幕中任意一个二维单元，在【副本数】选项中输入需要创建的复制单元数量；在【方向】选项中选择【有方位】，在【坐标系】下拉列表框中选择【全局坐标系】，在【距离】选项中选择【每个副本】，在【DX】文本框中输入 35，表示复制的单元按全局坐标系的 X 轴向复制，单元间距 35。

（3）单击【确定】按钮，完成单元平移操作。

14.2.9　单元复制和投影

单元复制和投影操作用于完成对一维或二维单元在指定曲面投影操作，并在投影面生成新的单元。【单元复制和投影】对话框如图 14-20 所示。

【目标投影面】选项中的【曲面的偏置百分比】表示：将指定的单元复制投影到新的位置距离与原单元和目标面之间距离的比值。操作步骤如下。

（1）单击【节点和单元】选项卡【单元】面组上【更多】库下【投影】按钮 ⬙ 或选择【菜单】→【插入】→【单元】→【复制和投影】命令，打开【单元复制和投影】对话框。

（2）在【单元复制和投影】对话框中【类型】下拉列表框中选择【单元面】，根据选择步骤选择下底面为投影目标面，在【曲面的偏置百分比】中输入 60；在【方向】选项中选择【单元法向】，并单击【反向】图标，使投影方向矢量指向投影目标面。

（3）单击【确定】按钮，完成单元复制和投影操作，生成如图 14-21 所示投影单元。

图 14-19　【单元复制和平移】对话框

图 14-20　【单元复制和投影】对话框

图 14-21　复制投影单元

14.2.10　单元复制和反射

单元复制和反射操作完成对 0 维、1 维、2 维和 3 维单元的复制反射，操作过程和上述复制投影相似，用户自行完成操作。

14.3　有限元模型的检查

　　有限元模型建立后，在仿真模块中对模型进行了加载和约束，进行解算前应对模型进行验证，检查模型的正确性和完整性。有限元模型检查包括单元质量、单元边、重复节点、2D 单元法向、调整 CAD 的节点邻近度等多种情况。

14.3.1　单元质量

　　单元质量主要是检查由于过度扭曲而无法得出较佳分析结果的单元。

　　单击【主页】选项卡【检查和信息】面组上【单元质量】按钮 或单击【菜单】→【分析】→【有限元模型检查】→【单元质量】命令，打开如图 14-22 所示【单元质量】对话框。各选项含义如下。

●【要检查的单元】：指定要检查的单元。

1)【显示】：检查所有当前显示的单元。

2)【选定的】：允许选择要检查的单元。

●【选择对象】：当【要检查的单元】设为【选定的】时出现，用于选择要在图形窗口中检查的单元。

●【警告和错误限制】：用于指定质量阈值（如果低于或高于该值，软件将会发出警告）以及值（如果低于或高于该值，软件会报错）。

●【警告颜色】：打开【颜色】对话框，这样便可指定要用于违反指定错误限制的单元的颜色。

●【错误颜色】：打开【颜色】对话框，这样便可指定要用于违反指定错误限制的单元的颜色。

●【显示单元标签】：显示违反了指定的警告或错误限制的单元的标签。

●【输出组单元】：指定是否为没有通过质量检查的单元创建输出组。

1)【无】：不会为没有通过质量检查的单元创建输出组。

2)【未通过】：当【检查选项】设为【警告和错误限制】时出现。

　　为违反指定警告和错误限制的单元创建输出组。

3)【警告】：当【检查选项】设为【警告和错误限制】时出现。

　　为违反指定警告限制的单元创建输出组。

4)【失败与警告】：为违反指定错误限制的单元创建输出组。

图 14-22　【单元质量】对话框

○【报告】：指定是否创建单元质量检查结果的报告。所有报告均包括已检查的单元数，所检查的每个质量阈值的最差值和违反指定限制的每个单元的结果。

1)【无】：不会创建报告。

2)【未通过】：当【检查选项】设为【警告和错误限制】时出现。为违反指定警告限制的单元创建报告。

3)【警告】：当【检查选项】设为【警告和错误限制】时出现。为违反指定警告限制的单元创建报告。

4)【失败与警告】：为违反指定错误限制的单元创建报告。

5)【全部】：创建一个报告，无论单元是否违反指定错误或警告限制，该报告均会列出检查中包括的所有单元的质量值。

○【检查单元】：违反指定准则的任何单元均会以指定的颜色高亮显示在图形窗口中。

14.3.2　单元边

单击【主页】选项卡【检查和信息】面组上【单元边】按钮或单击【菜单】→【分析】→【有限元模型检查】→【单元边】命令，打开如图 14-23 所示【单元边】对话框。各选项含义如下。

○【要检查的单元】：用于控制软件检查的单元边。

1)【选定的】：用于选择要检查的一部分单元。

2)【已显示】：用于检查当前显示的所有单元。

○【自由边】：显示所有自由的（未连接的）单元边。自由单元边是只由一个单元引用的边。

○【非歧义边】：显示所有由两个以上单元面共用的单元边。

○【输出】：控制软件用来搜索自由或非歧义单元边的域。

1)【在可见模型内计算】：用于在当前显示的网格内查找自由或非歧义单元边。

2)【在整个模型内计算】：用于在模型中的所有网格（包括当前未显示的任何网格）内查找自由或非歧义单元边。

○【生成单元轮廓】：高亮显示自由或非歧义单元边。

○【隐藏输入网格】：在检查期间隐藏选定的网格。这样就可以突出显示任何失败的单元。

图 14-23　【单元边】对话框

14.3.3　重复节点

用户可以使用【重复节点】模型检查命令合并装配 FEM 中相邻组件 FEM 之间的重合节点。

单击【主页】选项卡【检查和信息】面组上【重复节点】按钮或单击【菜单】→【分析】→【有限元模型检查】→【重复节点】命令，打开如图 14-24 所示【重复节点】对话框。各选项含义如下。

○【忽略同一网格中的节点】：控制软件计算是否存在重合的节点。

- 【忽略与细微边相连的节点】：控制软件处理与单元相连的节点的方式，这些单元的边小于指定的重合公差。
- 【首选项】：确定在合并节点时软件将保留两个重合节点中的哪一个。
1）【无】：合并重复节点时不考虑节点编号。
2）【保留高层节点标签】：可保留具有最高节点标签的节点。
3）【保留低层节点标签】：可保留具有最低节点标签的节点。
4）【保留所选内容】：保留从图形窗口中选择的节点。
5）【合并所选内容】：合并从图形窗口中选择的节点。
- 【显示重复节点】：显示选定网格或活动的装配FEM 中的重复节点。重复节点显示为黄色。
- 【显示标签】：控制任何重复节点的标签（ID）显示情况。
- 【保留的节点】：指定用于在合并重合节点之后剩余的任何节点的颜色。
- 【合并的节点】：指定用于两个重合节点成功合并的节点位置的颜色。

图 14-24 【重复节点】对话框

- 【不可合并的节点】：指定用于软件无法合并的重合节点的颜色。
- 【合并节点】：合并父节点和任何子节点。

14.3.4　2D 单元法向

2D 单元法向检查二维网格单元的法向矢量，单击【主页】选项卡【检查和信息】面组上【2D 单元法向】按钮✧或单击【菜单】→【分析】→【有限元模型检查】→【2D 单元法向】命令，打开如图 14-25 所示【2D 单元法向】对话框。检查的网格模型法向图形显示如图 14-26 所示。

图 14-25　二维单元法向操作对话框

图 14-26　网格模型法向图形

14.4　节点 / 单元信息

　　节点 / 单元信息操作将模型中的节点或单元以用户定义方式显示出来。单击【主页】选项卡【检查和信息】面组上的【节点 / 单元】按钮 或选择【菜单】→【信息】→【前 / 后处理】→【节点 / 单元】命令，弹出如图 14-27 所示【节点 / 单元信息】对话框。各选项含义如下。

图 14-27　【节点 / 单元信息】对话框

　　【类型】下拉列表框：包含【单元】和【节点】两种。

　　列出信息包括选择的节点或单元的类型，网格 ID，网格集合 ID，与之相邻的节点或单元等。

　　信息的【格式】：以【表格】的形式和【一般列表】的形式显示信息。

　　在【节点 / 单元信息】对话框中设置各选项选择需标识的网格对象，单击【确定】按钮完成标识操作。

14.5　仿真信息总结

　　仿真信息总结为用户提供关于仿真模型的各方面信息，包括环境、网格汇总、解算汇总、载荷汇总、约束汇总、仿真替代材料汇总和截面汇总等。

　　单击【主页】选项卡【检查和信息】面组上【更多】库下【仿真信息汇总】按钮 或选择【菜单】→【信息】→【前 / 后处理】→【仿真信息汇总】命令，打开【信息】对话框，如图 14-28 所示。

图 14-28　仿真信息汇总表

14.6　练习题

1．UG NX 12 中模型编辑有哪几种情况？
2．UG NX 12 中单元操作包括哪些操作方法？
3．UG NX 12 中有限元模型检查的目的是什么？

第 15 章
分析和查看结果

有限元模型经过前 3 章介绍，各功能的操作已完成了模型的前置处理，接着进入模型的分析和查看结果这一阶段，本章主要介绍有限元模型的分析和对求解结果的后置处理。

重点与难点

掌握分析解算的基本方法。
熟悉分析结果的后处理方法。

15.1 分析

在完成有限元模型和仿真模型的建立后，在仿真模型中（*_sim1.sim），用户就可以进入分析求解阶段。

15.1.1 求解

单击【主页】选项卡【解算方案】面组上【求解】按钮▊或选择【菜单】→【分析】→【求解】命令，弹出如图 15-1 所示【求解】对话框。【求解】对话框根据不同的结算类型，会激活不同选项。各选项含义如下。

- 【提交】下拉列表框：包括【求解】【写入求解器输入文件】【求解输入文件】【写入、编辑并求解输入文件】4 个选项。在有限元模型前置处理完成后，一般直接选择【求解】选项。
- 【编辑求解器参数】按钮：单击该按钮，弹出如图 15-2 所示【求解器参数】对话框，该对话框包含【参数】、【求解器版本】等选项。
- 【编辑高级求解器选项】按钮：单击该按钮，弹出如图 15-3 所示【高级求解器选项】对话框。该对话框为当前求解器建立一个临时目录。完成各选项后，直接单击【确定】按钮，程序开始求解。

图 15-1 【求解】对话框

图 15-2 【求解器参数】对话框

图 15-3 【高级求解器选项】对话框

15.1.2 分析作业监视器

分析作业监视器可以在分析完成后查看分析任务信息和检查分析质量，单击【主页】选项卡【解算方案】面组上的【分析作业监视】按钮 或选择【菜单】→【分析】→【分析作业监视】命令，弹出如图 15-4 所示【分析作业监视】对话框。各选项含义如下。

- 【分析作业信息】按钮：在图 15-4 中选中列表中的完成项，激活【分析作业信息】按钮，打开如图 15-5 所示【信息】对话框。在信息列表中列出有关分析模型的各种信息，包括分析时间、模型摘要（单元数、节点数、求解方程式个数等）、求解时间，若采用适应性求解，会给出自适应有关参数等信息。
- 【检查分析质量】按钮：对分析结果进行综合评定，给出整个模型求解置信水平，是否推荐用户对模型进行更加精细的网格划分。

图 15-4 【分析作业监视】对话框

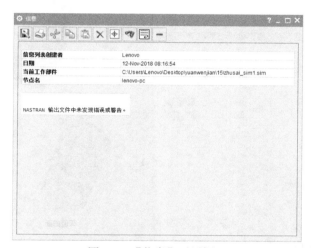

图 15-5 【信息】对话框

15.2 后处理控制

后处理控制对有限元分析来说是重要的一步，当求解完成后，得到的数据非常多，如何从中选出对用户有用的数据，数据以何种形式表达出来，都需要对数据进行合理的后处理。

在求解完成后，进入后处理选项，就可以激活后处理控制各操作。在后处理导航器中，可以看见在 Results 下激活的各种求解结果，如图 15-6 所示。选择不同的选项，在屏幕中出现不同的结果。

图 15-6 求解结果

15.2.1 后处理视图

视图是最直观的数据表达形式，在 UG 高级分析模块中，一般通过不同形式的视图表达结果。通过视图，用户能很容易地识别最大变形量、最大应变、应力等在图形中的具体位置。单击【结果】选项卡【后处理视图】面组上的【编辑后处理视图】按钮，弹出如图 15-7 所示【后处理视图】对话框。这里只对【显示】选项卡中各选项进行简单介绍。

- 【颜色显示】下拉列表框：系统为分析模型提供 9 种类型的显示方式，包括光顺、分段、等值线、等值曲面、立方体、球体、箭头、张量和流线。图 15-8 用例图形式分别表示 7 种模型分析结果。

图 15-7 【后处理视图】对话框   图 15-8　7 种显示方式

- 【显示于】下拉列表框：有【切割平面】、【自由面】和【空间体】3 种。

下面重点介绍【切割平面】选项。

【切割平面】选项定义一个平面对模型进行切割，用户通过该选项可以参看模型内部切割平面处数据结果。单击后面的【选项】按钮，打开【切割平面】对话框，如图 15-9 所示。各选项含义如下。

- 【剪切侧】下拉列表框，有以下 3 个选项。
  - ➢ 正的：表示显示切削平面上部分模型。
  - ➢ 负的：表示显示切削平面下部分模型。
  - ➢ 两者：表示显示切削平面与模型接触平面的模型。
- 【切割平面】选项组：选择在不同坐标系下的各基准面定义为切削平面或偏移各基准平面来定义切削平面。

图 15-10 所示为按照轮廓—光顺下，并定义切削平面为 XC-YC 面偏移 60mm，且以【两者】的方式显示的视图。

图 15-9　【切割平面】对话框

图 15-10　定义 XC-YC 为切削平面

15.2.2　标识（确定结果）

通过标识操作，可以直接在模型视图中选择感兴趣的节点，得到相应的结果信息。

系统提供 5 种选择目标节点或单元的方式。

○　直接在模型中选择。

○　输入节点或单元号。

○　通过用户输入结果值范围，系统自动给出范围内各节点。

○　列出 N 个最大结果值节点。

○　列出 N 个最小结果值节点。

标识操作步骤如下。

（1）单击【结果】选项卡【工具】面组上【标识结果】按钮 ? 或选择【菜单】→【工具】→【结果】→【标识】命令，打开如图 15-11 所示【标识】对话框。

（2）在【节点结果】下拉列表框中选择【从模型中选取】，在模型中选择感兴趣的区域节点，当选中多个节点时，系统就自动判定选择的多个节点结果最大值和最小值，并做总和与平均计算，并显示最大值和最小值的 ID 号。

（3）单击【在信息窗口中列出选择内容】图标 i，打开【信息】对话框，该信息框详细显示了各被选中节点信息，如图 15-12 所示。

图 15-11　【标识】对话框

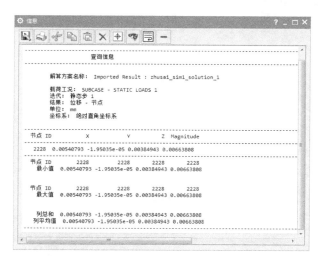

图 15-12　【信息】对话框

15.2.3 动画

动画操作模拟模型受力变形的情况，通过放大变形量使用户清楚地了解模型发生的变化。单击【结果】选项卡【动画】面组上的【动画】按钮 ，打开如图 15-13 所示【动画】对话框。

动画依据不同的分析类型，可以模拟不同的变化过程，在结构分析中可以模拟变形过程。用户可以通过设置较多的帧数来描述变化过程。设置完成后，可以单击【播放】图标 ▶，此时屏幕中的模型动画显示变形过程。用户还可以通过单步播放、后退、暂停和停止对动画进行控制。

图 15-13 【动画】对话框

15.3 实例——柱塞有限元分析

下面以柱塞的有限元分析为例，完整地讲述有限元的分析过程。

15.3.1 有限元模型的建立

（1）启动 UG NX 系统后，选择【菜单】→【文件】→【打开】命令，弹出如图 15-14 所示【打开】对话框。

（2）在【打开】对话框中选择目标实体目录路径和模型名称：Simulation /chapter15/zhusai. prt。单击【OK】按钮，在 UG NX 系统中打开目标模型。

扫码看视频

图 15-14 【打开】对话框

（3）单击【应用模块】选项卡【仿真】面组上的【前 / 后处理】按钮，进入高级仿真界面。

（4）单击屏幕左侧【仿真导航器】，进入仿真导航器界面并选中模型名称，单击右键，在弹出的快捷菜单中选择【新建 FEM 和仿真】，弹出【新建 FEM 和仿真】对话框，如图 15-15 所示。接受系统各选项，单击【确定】按钮，弹出如图 15-16 所示【解算方案】对话框。

图 15-15 【新建 FEM 和仿真】对话框

图 15-16 【解算方案】对话框

（5）单击屏幕左侧【仿真导航器】，进入仿真导航器界面并选中 zhusai_fem1 节点，单击右键，在弹出的快捷菜单中选择【设为显示部件】，进入编辑有限元模型界面。

（6）单击【主页】选项卡【属性】面组上【更多】库下【指派材料】按钮，或选择【菜单】→【工具】→【材料】→【指派材料】命令，弹出如图 15-17 所示【指派材料】对话框。

（7）在屏幕上选择模型，将在图 15-17 中选择的材料赋予该模型，单击【确定】按钮，完成材料设置。

（8）单击【主页】选项卡【网格】面组上的【3D 四面体】按钮，或选择【菜单】→【插入】→【网格】→【3D 四面体网格】命令，弹出如图 15-18 所示【3D 四面体网格】对话框。选择屏幕中需划分网格模型，激活【3D 四面体网格】对话框中各选项，设置各选项，单击【确定】按钮，开始划分网格。生成如图 15-19 所示有限元模型。

（9）单击屏幕左侧【仿真导航器】，进入仿真导航器界面，在【仿真文件视图】面板选中名称为【zhusai_sim1】的节点，单击右键，并选择【设为显示部件】，进入仿真模型界面。

图 15-17 【指派材料】对话框

图 15-18 【3D 四面体网格】对话框

（10）单击【主页】选项卡【载荷和条件】面组上【约束类型】下拉菜单下的【固定约束】按钮，弹出如图 15-20 所示【固定约束】对话框。在屏幕中选择需要施加约束的模型面，如图 15-21 所示，单击【确定】按钮，完成约束的设置。

（11）单击【主页】选项卡【载荷和条件】面组上【载荷类型】下拉菜单下的【压力】按钮，弹出如图 15-22 所示【压力】对话框。在屏幕中选择模型面施加压力载荷，如图 15-23 所示。设置【压力】对话框中各选项，将【类型】【名称】【压力】各选项分别设置为 2D 单元或 3D 单元面上的法向压力、Pressure（1）、0.8。单击【确定】按钮，完成载荷的设置。

图 15-19 有限元模型

图 15-20　【固定约束】对话框

图 15-21　施加约束

图 15-22　【压力】对话框

图 15-23　施加载荷

15.3.2　求解

完成有限元模型的建立后，进入求解阶段，求解操作步骤如下。

（1）单击【主页】选项卡【解算方案】面组上的【求解】按钮▤或选择【菜单】→【分析】→【求解】命令，弹出如图 15-24 所示【求解】对话框。

（2）单击【确定】按钮，弹出【分析作业监视】对话框，如图 15-25 所示。

图 15-24　【求解】对话框

图 15-25　【分析作业监视】对话框

（3）单击【取消】按钮，完成求解过程。

15.3.3　后处理

完成模型求解后，进入后处理阶段，用户可以通过生成云图，找最大、最小值等方式得到有用的结果。

后处理操作过程如下。

（1）单击后处理导航器，在弹出的后处理导航器中选择已导入的结果，右键在弹出快捷菜单中单击【导入结果】选项，系统弹出【导入结果】对话框，如图 15-26 所示。在用户硬盘中选择结果文件，单击【确定】按钮，系统激活后处理工具。

（2）在屏幕右侧仿真导航器中【已导入的结果】选项，选择【位移—节点】选项，云图显示有限元模型的变形情况，如图 15-27 所示。

图 15-26　【导入结果】对话框

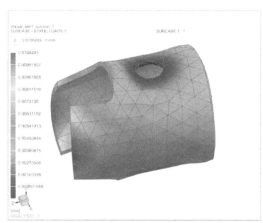

图 15-27　变形云图

（3）在屏幕右侧后处理导航器中【已导入的结果】选项，选择【应力—单元—von Mises】，单击鼠标右键，选择【绘图】选项，云图显示有限元模型的应力情况，如图 15-28 所示。

图 15-28　应力云图

（4）单击【主页】选项卡【解算方案】面组上的【创建报告】按钮或选择【菜单】→【工具】→【创建报告】命令，打开【在站点中显示模板文件】对话框，选择其中的一个模板，单击【OK】按钮，系统根据整个分析过程，创建一份完整的分析报告。

（5）在【仿真导航器】中选中报告，单击鼠标右键，在打开的快捷菜单中选择【发布报告】选项，打开【指定新的报告文档名称】对话框，输入文件名称，单击【OK】按钮进行报告文档的保存，系统显示上述创建的报告，如图 15-29 所示。至此整个分析过程结束。

图 15-29　结构报告

15.4　练习题

1. 简述 UG NX 12 仿真模型的分析过程。
2. UG NX 12 中后处理控制包括哪些方面？

第 **16** 章
球摆分析综合实例

本章以一个简单实例，从建模、装配、运动学分析到结构分析综合起来，使用户对 UG NX 全程应用有一个详细的了解。

重点与难点

运动学分析和结构分析的综合应用。

16.1　模型的建立

（1）启动 UG NX 12 系统后，单击【快速访问】工具栏中的【新建】按钮□或选择【菜单】→【文件】→【新建】命令，打开如图 16-1 所示【新建】对话框。

图 16-1　【新建】对话框

在【新建】对话框右上侧选择【单位】毫米，文件【名称】中输入 zhijia.prt，单击【确定】按钮，进入建模环境。

（2）建立如图 16-2 所示等腰三角支架，直角边长 300mm，厚 25mm，边框等宽 20mm，锐角倒角 R6mm。具体建模过程这里不详述。

（3）完成支架建立后，选择【菜单】→【文件】→【关闭】→【保存并关闭】命令。

同上述步骤建立球摆模型，文件名 qiubai，如图 16-3 所示。摆臂到球心长度 500mm，直径 20mm，球直径 150mm。这两个文件都保存在 chapter16 文件夹中。

图 16-2　等腰三角支架

图 16-3　球摆模型

完成上述两模型的建立后，进入装配模块。

16.2 模型装配

扫码看视频

（1）新建装配文件，弹出【添加组件】对话框，如图 16-4 所示。

（2）在【添加组件】对话框中单击【打开】按钮，弹出【部件名】对话框，从中选择需装配组件，选择【支架】，单击【OK】按钮，弹出【组件预览】窗口，如图 16-5 所示。在【装配位置】下拉列表框中选择【绝对坐标系—工作部件】选项，单击【确定】按钮，完成支架的添加。

图 16-4 【添加组件】对话框

图 16-5 【组件预览】窗口

（3）单击【主页】选项卡【装配】面组上的【添加】按钮，弹出【添加组件】对话框，添加球摆部件，在【放置】选项中选择【约束】选项，在【约束类型】选项卡中选择【接触对齐】类型，在【方位】下拉列表框中选择【自动判断中心/轴】，选择球摆内孔表面，然后选择支架一端圆柱外表面，如图 16-6 所示。

（4）在【约束类型】中选择【距离】类型，选择球摆摆臂一端平面，选择支架一端平面，如图 16-7 所示，在【距离表达式】中输入 3，按回车键。

（5）在【约束类型】选项卡中选择【角度】类型，选择球摆摆臂外表面，然后选择支架一直角面，如图 16-8 所示，在【距离表达式】中输入参数值 90°，单击【确定】按钮，生成如图 16-9 所示装配关系的组件。

图 16-6　选择圆柱外表面

图 16-7　选择支架平面

图 16-8　选择直角面

图 16-9　生成组件

16.3　运动分析

完成结构分析方案的创建后，进入运动分析模块，对整个构件进行运动分析。运动分析创建步骤如下。

（1）单击【应用模块】选项卡【仿真】面组上的【运动】按钮，进入运动仿真模块。

扫码看视频

（2）单击屏幕左侧运动仿真导航器图标，选择【asm】选项并单击鼠标右键，在弹出的快捷菜单中，选择【新建仿真】选项，弹出【新建仿真】对话框，单击【确定】按钮，弹出【环境】对话框，选中【动力学】【基于组件的仿真】和【新建仿真时启动运动副向导】选项，单击【确定】按钮，完成环境的创建，弹出如图 16-10 所示【机构运动副向导】对话框。

（3）用户可以采用系统配对条件映射机构运动副或用户自定义各连杆和运动副。单击【确定】按钮，由系统配对条件映射机构运动副，打开如图 16-11 所示信息。

图 16-10　【机构运动副向导】对话框

图 16-11　信息

（4）单击【是】按钮，确定接地连杆。

（5）在运动导航器中，右键单击 J001 图标，在图 16-12 所示打开的快捷菜单中选择【编辑】选项，打开【运动副】对话框，如图 16-13 所示。

图 16-12　运动导航器

图 16-13　【运动副】对话框（一）

（6）在【运动副】对话框中选择【旋转副】类型，更改原点为球摆孔圆心，如图 16-14 所示。

（7）单击【驱动】标签，在【旋转】选项中选择【多项式】选项，在【速度】和【加速度】选项中分别设定为 10 和 5，如图 16-15 所示，连续单击【确定】按钮，完成运动副的编辑。

图 16-14　【运动副】对话框（二）

图 16-15　【驱动】选项卡

（8）单击【主页】选项卡【解算方案】面组上的【解算方案】按钮，弹出【解算方案】对话框，如图 16-16 所示。在【解算类型】中选择【常规驱动】，在【分析类型】中选择【运动学 / 动力学】，分别设置时间和步数为 20 和 200，单击【确定】按钮，完成解算方案的设置。

（9）单击【主页】选项卡【解算方案】面组上的【求解】按钮，系统自动进行求解。

（10）求解完成后，单击【分析】选项卡【运动】面组上的【动画】按钮，弹出如图 16-17 所示【动画】对话框。单击【播放】选项，用户通过屏幕观察模型运动情况。球摆绕支架一端顺时针旋转。

（11）单击【分析】选项卡【运动】面组上【仿真】下拉菜单【载荷传递】按钮或选择【菜单】→【分析】→【运动】→【载荷传递】命令，打开如图 16-18 所示的【载荷传递】对话框。

图 16-16　【解算方案】对话框

图 16-17　【动画】播放器

（12）定义球摆为连杆。单击【播放】按钮 ▶ ，生成如图 16-19 所示的受力情况电子表格。单击【确定】按钮。

（13）用户根据电子表格可以选择一组最大作用力作为进行结构分析的添加载荷。考虑球摆做圆周运动，忽略 Z 向作用力。

图 16-18　【载荷传递】对话框

图 16-19　电子表格

16.4　结构分析

进入结构分析模块，创建一个结构分析解决方案。

扫码看视频

创建结构分析解决方案操作步骤如下。

（1）在系统中打开支架模型。

（2）单击【应用模块】选项卡【仿真】面组上的【前/后处理】按钮，进入高级仿真模块。

（3）在仿真导航器中右键单击部件名称，选择创建【新的 FEM 和仿真】，打开【新建 FEM 和仿真】对话框，单击【确定】按钮，弹出【解算方案】对话框，如图 16-20 所示。按【解算方案】对话框所示依次设置各选项，单击【确定】按钮，完成结构分析方案的创建。

（4）在【仿真文件视图】中选择【zhijia_sim1】并单击右键，在弹出的快捷菜单中选择【设为工作部件】选项。在仿真导航器中右键单击【约束】选项，打开如图 16-21 所示的仿真导航器选项。

图 16-20 【解算方案】对话框

（5）单击【新建约束—固定约束】选项，打开如图 16-22 所示的【固定约束】对话框，选择支架一直角边面为固定约束，单击【确定】按钮。

图 16-21 仿真导航器

图 16-22 【固定约束】对话框

（6）在仿真导航器中右键单击【载荷】选项，单击【新建载荷—力】选项，打开如图 16-23 所示【力】对话框，在【力】对话框【类型】下拉列表框中选择【分量】，根据运动分析中受力情况的电子表格，选择支架圆柱面为受力面，设定各受力分量，单击【确定】按钮。

（7）在仿真文件视图中选择【zhijia_fem1】并单击右键，在弹出的快捷菜单中选择【设为显示部件】按钮。

（8）单击【主页】选项卡【属性】面组上【更多】库下【指派材料】按钮🔧，弹出【指派材料】对话框。用户根据需要在材料列表中选择材料，单击【确定】按钮。

（9）单击【主页】选项卡【网格】面组上的【3D 四面体】按钮△，弹出如图 16-24 所示【3D 四面体网格】对话框。选择屏幕中需划分网格模型，按图设置各选项，单击【确定】按钮，开始划分网格。生成如图 16-25 所示有限元模型。

图 16-23　【力】对话框

图 16-24　【3D 四面体网格】对话框

图 16-25　网格划分结果

（10）在仿真文件视图中选择【zhijia_sim1】并单击右键，弹出快捷菜单，单击【设为显示部件】，返回高级仿真界面。

（11）单击【主页】选项卡【解算方案】面组上的【求解】按钮📄，打开【求解】对话框，如图 16-26 所示。单击【确定】按钮，完成结构分析的解算。

（12）单击屏幕左侧后处理导航器图标🔧，进入后处理仿真导航器中，右键单击【已导入的结果】选项，如图 16-27 所示，在弹出的快捷菜单中单击【导入结果】选项，弹出【导入结果】对话框，选择分析完成后的结果文件，单击【确定】按钮，在后处理导航器中出现结果对应框。单击用户需要的对象，包括分析中的应力、应变等云图，系统生成如图 16-28（位移）和图 16-29

所示（应力）图像。

图 16-26 【求解】对话框

图 16-27 【后处理导航器】对话框

图 16-28 位移

图 16-29 应力

16.5 练习题

1. 简述 UG NX 12 中运动分析和有限元分析的过程。
2. 试分析箭支梁的受力变形。